数字生活轻松入门

从网上获取信息

晶辰创作室　顾金元　王冠　编著

科学普及出版社

·北　京·

图书在版编目（CIP）数据

从网上获取信息 / 晶辰创作室，顾金元，王冠编著. --北京：科学普及出版社，2020.6

（数字生活轻松入门）

ISBN 978-7-110-09645-1

Ⅰ. ①从… Ⅱ. ①晶… ②顾… ③王… Ⅲ. ①电子计算机—普及读物 Ⅳ. ①TP3-49

中国版本图书馆 CIP 数据核字（2017）第 181269 号

策划编辑　徐扬科
责任编辑　林　然
封面设计　中文天地　宋英东
责任校对　焦　宁
责任印制　徐　飞

出　　版　科学普及出版社
发　　行　中国科学技术出版社有限公司发行部
地　　址　北京市海淀区中关村南大街 16 号
邮　　编　100081
发行电话　010－62173865
传　　真　010－62173081
网　　址　http://www.cspbooks.com.cn

开　　本　710 mm ×1000 mm　1/16
字　　数　193 千字
印　　张　9.75
版　　次　2020 年 6 月第 1 版
印　　次　2020 年 6 月第 1 次印刷
印　　刷　北京博海升彩色印刷有限公司
书　　号　ISBN 978-7-110-09645-1/TP・229
定　　价　48.00 元

“数字生活轻松入门”丛书编委会

随着信息化时代建设步伐的不断加快，互联网及互联网相关产业以迅猛的速度发展起来。短短的二十几年，个人电脑由之前的奢侈品变为现在的必备家电，电脑价格也从上万元降到现在的三四千元，网络宽带已经连接到千家万户，包月上网费用从前些年的一百五六十元降到现在的五六十元。可以说电脑和互联网这些信息时代的工具已经真正进入寻常百姓之家了，并对人们日常生活的方方面面产生了深刻的影响。

电脑与互联网及其伴生的小兄弟智能手机——也可以认为它是手持的小电脑，正在成为我们生活中不可或缺的元素，曾经的“你吃了吗”的问候变成了“今天发微信了吗”；小朋友之间闹别扭的台词也从“不和你玩了”变成了“取消关注”；“余额宝的利息今天怎么又降了”俨然成了一些时尚大妈的揪心话题……

因我们的丛书主要介绍电脑与互联网知识的使用，这里且容略去与智能手机有关的表述。那么，电脑与互联网的用途和影响到底有多大？让我们随意截取几个生活中的侧影来感受一下吧！

我们可以通过电脑和互联网即时通信软件与他人沟通和

交流，不管你的朋友是在你家隔壁还是在地球的另一端，他(她)的文字、声音、容貌都可以随时在你眼前呈现。在互联网世界里，没有地理的概念。

电子邮件、博客、播客、威客、BBS……互联网为我们提供了充分展示自己的平台，每个人都可以通过文字、声音、影像表达自己的观点，探求事情的真相，与朋友分享自己的喜怒哀乐。互联网就是这样一个完全敞开的世界，人与人的交流没有界限。

或许往日平淡无奇的日常生活使我们丧失了激情，现在就让电脑和互联网来把热情重新点燃吧。

你可以凭借一些流行的图像处理软件制作出具有专业水准的艺术照片，让每个人都欣赏你的风采；你也可以利用数字摄像设备和强大的软件编辑工具记录你生活的点点滴滴，让岁月不再了无印迹。网络上有着极其丰富的影音资源：你可以下载动听的音乐，让美妙的乐声给你带来一处闲适的港湾；你也可以在劳累一天离开纷扰的职场后，回到家里第一时间打开电脑，投入到喜爱的热播电视剧中，把工作和生活的烦恼一股脑儿地抛在身后。哪怕你是一个离群索居之人，电脑和网络也不会让你形单影只，你可以随时走进网上的游戏大厅，那里永远会有愿意与你一同打发寂寞时光的陌生朋友。

当然，电脑和互联网不仅能给我们带来这些精神上的慰藉，还能给我们带来丰厚的物质褒奖。

有空儿到购物网站上去淘淘宝贝吧，或许你心仪已久的宝贝正在打着低低的折扣呢，轻点几下鼠标，就能让你省下一大笔钱！如果你工作繁忙，好久没有注意自己的生活了，那就犒劳一下自己吧！但别急着冲进饭店，大餐的价格可是不菲呀。到网上去团购一张打折券，约上三五好友，尽兴而归，也不过两三百元。

或许对某些雄心勃勃的人士来说就这么点儿物质褒奖还远远不够——我要开网店，自己当老板，实现人生的财富梦想！的确，网上开放式的交易平台让创业更加灵活便捷，相对实体店铺，省去了高额的店铺租金，况且不受地域及营业时间限制，你可以在24小时内把商品卖到全中国乃至世界各地！只要你有眼光、有能力、有毅力，相信实现这一梦想并非遥不可及！

利用电脑和互联网可以做的事情还有太多太多，实在无法一一枚举，但仅仅这几个方面就足以让人感到这股数字化、信息化的发展潮流正在使我们的世界发生着巨大的改变。

为了帮助更多的人更好更快地融入这股潮流，2009年在科学普及出版社的鼓励与支持下，我们编写出版了“热门电脑丛书”，得到了市场较好的认可。考虑到距首次出版已有十年时间，很多软件工具和网站已经有所更新或变化，一些新的热点正在社会生活中产生着较大影响，为了及时反映这些新变化，我们在丛书成功出版的基础上对一些热点板块进行了重新修订和补充，以方便读者的学习和使用。

在此次修订编写过程中，我们秉承既往的理念，以提高生活情趣、开拓实际应用能力为宗旨，用源于生活的实际应用作为具体的案例，尽量用最简单的语言阐明相关的原理，用最直观的插图展示其中的操作奥妙，用最经济的篇幅教会你一项电脑技能，解决一个实际问题，让你在掌握电脑与互联网知识的征途中有一个好的起点。

晶辰创作室

目录

随着信息化时代建设步伐的不断加快，网络及网络相关产业以迅猛的速度飞快地发展了起来。短短十几年，个人电脑由之前的奢侈品变为现在的必备家电，电脑价格也从上万元降到现在的三四千元，网络宽带已经连接到千家万户，上网费用从前些年的包月一百五六十元降到现在的五六十元。

网络深入到日常生活的方方面面，我们平时吃的蔬菜、水果有了自己的电子身份证，可以通过网络查看到它们生长的全过程；买衣服可以网上选购，国际大牌轻松拥有；看电影可以网上选位，我的位置我作主；看医生可以网上挂号，专家教授轻松预约；在线旅游，无需舟车劳顿，世界美景轻松欣赏。

我们已经进入了信息时代，网络成为我们生活不可或缺的元素，曾经的“你吃了吗？”的问候变成了“今天上微信了吗？”；小朋友之间闹别扭的台词也从“不和你玩了”变成了“取消关注”……

第一章

网络初体验

本章学习目标

◇ 浅谈网络

介绍互联网相关的基础知识，为后续学习打下基础。

◇ 连接网络

介绍连接到网络需要的相关配置。

◇ 浏览工具

简单介绍几款时下应用最普遍的浏览器软件，方便读者选择。

◇ 防御黑客病毒

介绍关于黑客、病毒的基本知识；介绍几款目前应用比较普遍的防火墙软件及杀毒软件。

◇ 常用功能抢鲜尝

介绍几种目前大家利用网络最经常进行的活动，为后续学习做铺垫。

浅谈网络

随着互联网（Internet）的快速发展，世界变得越来越小，人与人之间的交流越来越便捷，互联网现在已经成为人们生活中必不可少的一部分，数字时代已然来临。

所谓网络，就是用电缆线把若干台计算机连接起来，再配以适当的软件和硬件，以达到在计算机之间交换信息的目的。

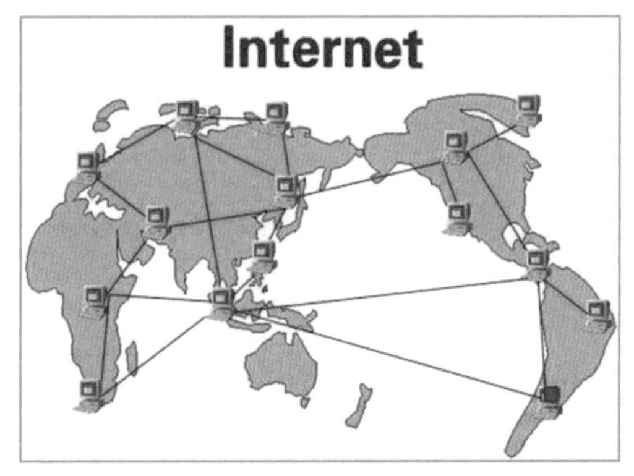

图1-1　互联网示意图

世界上有很多组织，如公司、大学、研究所等，将其内部的计算机连成网络，这就是局域网。局域网通过各种方法互相连接起来，形成世界范围内的大网，如图1-1所示，这就是互联网（Internet）。

各局域网内部可能会分别使用不同的协议，正如不同的国家使用不同的语言一样，那么我们要如何使它们能够进行信息交流呢？这就要靠网络上的世界语——TCP/IP协议，如图1-2所示。

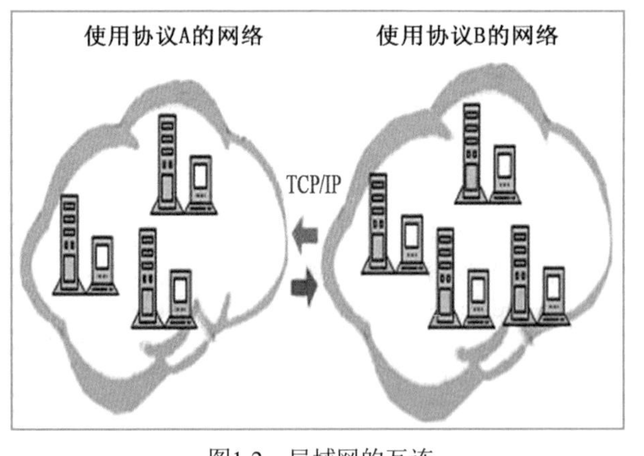

图1-2　局域网的互连

我国于1994年4月接入Internet，到目前为止，已经同时拥有多个与Internet相联的网络。只要我们能够与其中的任何一个相连通，那就说明，我们也接入了Internet。

网络就像生活中的街道，网站则像是路边的政府、公司、商店，我们的电脑就像自己的家。政府要办公、公司要经营、商店要卖东西。政府、公司和商店有自己的名称，方便寻找，网络中的名称就是域名，无论哪里，都需要一个“门牌号”来标识，网络中的门牌号就是网络的IP地址。

- 我们将网络上分配给每台计算机或网络设备的32位数字标识称为IP地址。每个IP地址是全球唯一的。IP地址的格式形如：×××.×××.×××.×××，其中×××是0到255之间的任意整数。
- 域名是Internet上可以用来寻找网站的名字，对应相应的IP地址。网站的IP地址也会不定期更改，但记住了名字就不会找不到网站了。这就像电话号码簿，我们只需要知道对方的名字，通过对电话号码簿的查询就可以联系上对方，而不必记住他的电话号码。图1-3所示的万网（网址：http://www.net.cn/）是国内著名的域名申请网站。

图1-3　中国万网首页面

提示

域名的后缀也是有含义的，可分为用途和地域两种。

- gov、edu 等代表用途。
- cn、hk 等代表地域。

世界网络（网址：http://www. linkwan. com/）是一个集网络测试、提供网络工具、介绍网络技术及相关知识为一体的专业网站。它以普及网络知识、推动中国宽频技术的发展为宗旨，长期致力于为实现整个大中华地区的网络新技术和网络产品的交流与应用提供服务。图1-4是世界网络的主页。

Internet采用超文本和超媒体的信息组织方式，将信息的链接扩展到整个网络。Web就是一种超文本信息系统，它的一个主要概念就是超文本链接，它使得文本信息不再像纸制书籍一样是固定的、线性的，而是可以从一个位置跳转到另一个位置，使读者可以从中获取更多的信息、发挥

图1-4　世界网络主页面

更多的自主性。比如：想要了解某个主题的内容，只要在这个主题上点一下，就可以跳转到包含这一主题的文档上。

网络平台从最初的Web 1.0过渡到Web 2.0，最近已经发展到了Web 3.0、Web 4.0。Netscape和Google分别是Web 1.0和Web 2.0两个时代的旗舰产品。图1-5所示为Web 2.0的模拟图。

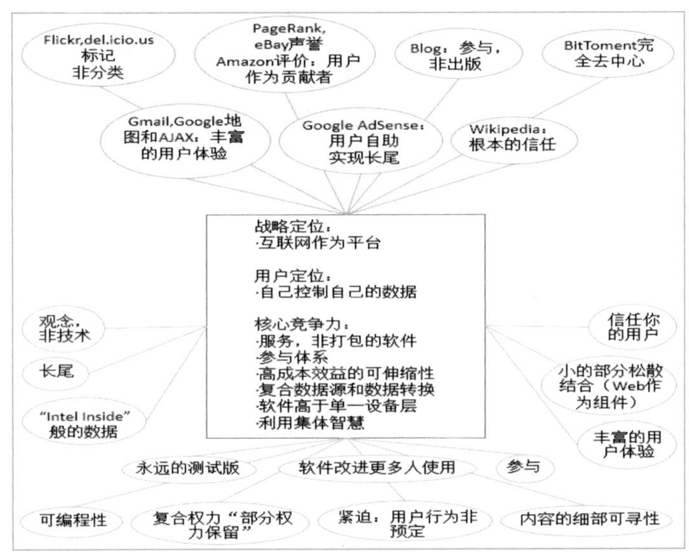

图1-5　Web 2.0模拟图

提示 正如许多重要的理念一样，Web 2.0并没有一个明确的界限。相对于Web 1.0，Web 2.0更注重交互性。

随着Blog、Viki、BT等新名词迅速占领我们的生活，网络已经抛弃了单一的页面模式，交互的东西更多了。

连接网络

个人电脑因其个性化、安全性等特点，得到快速的普及。目前很多大中型城市已基本普及，小城市和农村中，也有越来越多的家庭拥有了个人电脑。不过，要想

在家上网，不但要有一台电脑，还要先决定好使用哪种网络并进行相关设置，否则将无法进行联网操作。

下面以配置使用宽带建立连接为例，介绍如何通过“新建连接向导”连接到 Internet。

1．选择【开始】|【所有程序】|【附件】|【通信】|【新建连接向导】，弹出如图 1-6 所示的“欢迎使用新建连接向导”窗口，单击【下一步】按钮。

2．在打开的“网络连接类型”窗口中，选中【连接到 Internet】单选钮，单击【下一步】按钮，如图 1-7 所示。

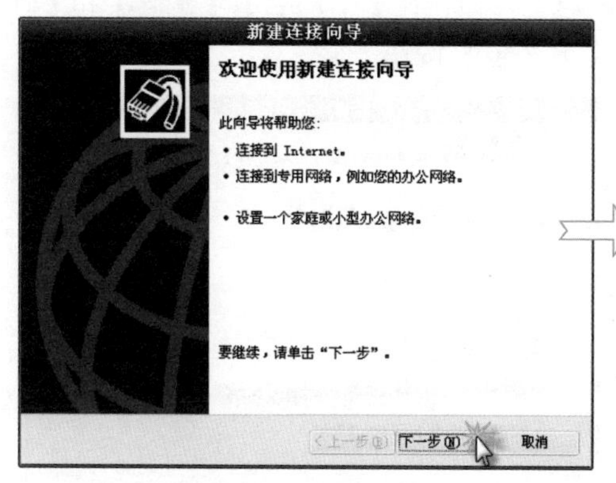

图1-6　“欢迎使用新建连接向导”窗口

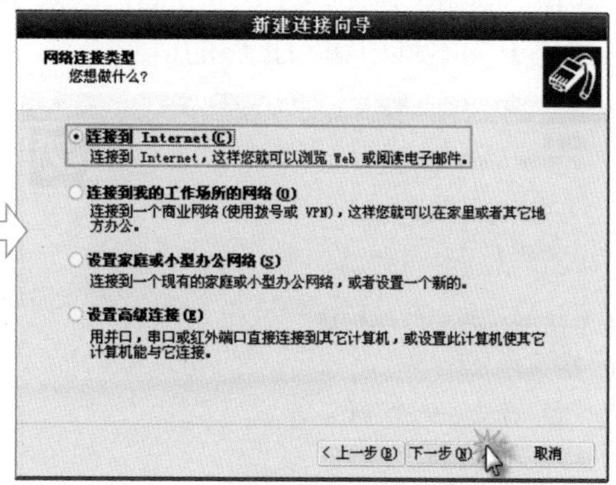

图1-7　“网络连接类型”窗口

3．在打开的“准备好”窗口，选中【手动设置我的连接】单选钮，单击【下一步】按钮，如图 1-8 所示。

4．在“Internet 连接”窗口，选中【用要求用户名和密码的宽带连接来连接】单选钮，单击【下一步】按钮，如图 1-9 所示。

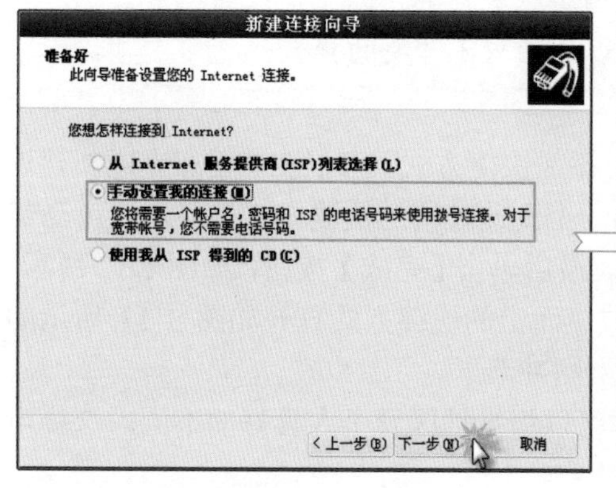

图1-8　“准备好”窗口

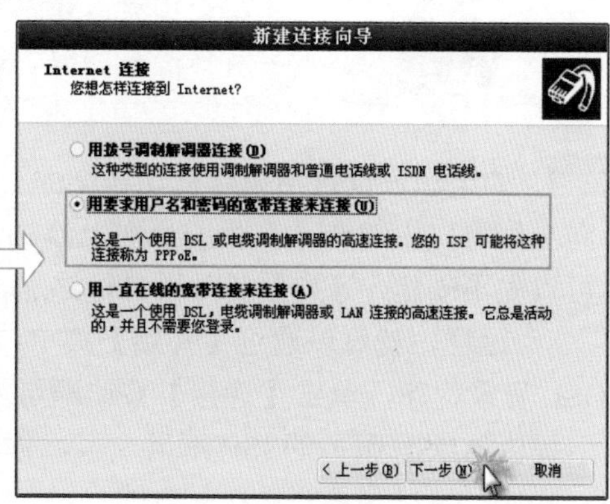

图1-9　“Internet连接”窗口

提示 采用 ADSL 方式联网时，通常需要进行这样的设置。采取其他的联网方式时，工作人员一般会在安装时配置好，不过重装系统后，则需要重新配置。

5．在弹出的“连接名”窗口中，在【ISP 名称】文本框中填入 ADSL 的名字，比如“网通”“电信”，或者直接填写“ADSL”“宽带上网”之类都行，这只是一个用于标识的名字，然后单击【下一步】按钮，如图 1-10 所示。

6．在如图 1-11 所示的“Internet 账户信息”窗口，在【用户名】、【密码】和【确认密码】文本框中输入正确的信息，单击【下一步】按钮。

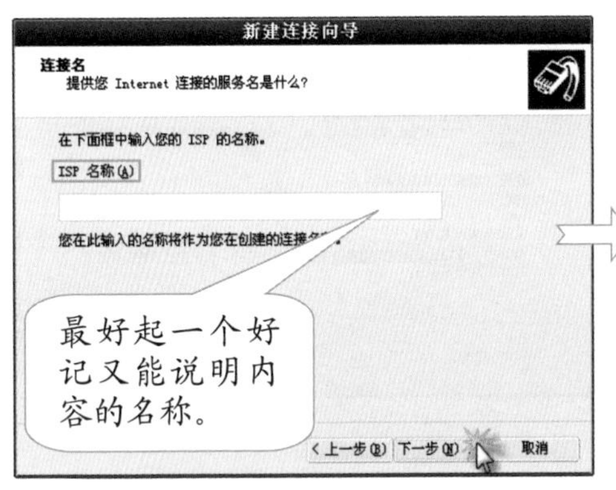

图1-10 “连接名”窗口

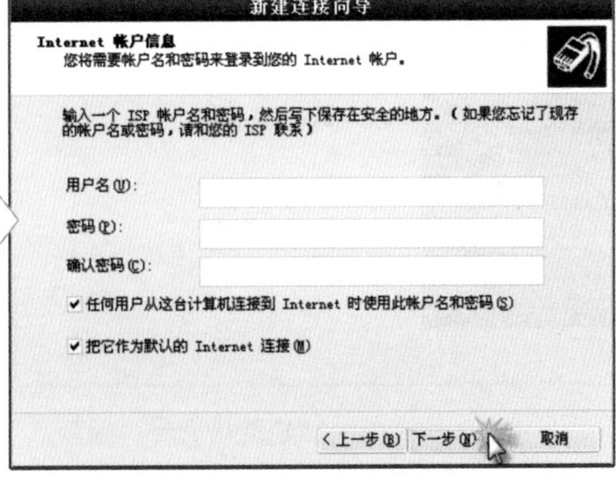

图1-11 “Internet账户信息”窗口

提示 不要以为在家里上网就是安全的，只要上网就存在不安全因素。请在网络服务商的网站上修改密码并妥善保管好密码，以免造成不必要的损失。

7．如果想在设置结束时自动在桌面上添加快捷方式，可以在“正在完成新建连接向导”窗口中勾选【在我的桌面上添加一个到此连接的快捷方式】多选钮，当然也可以先不创建，等到需要时再自行添加，最后单击【完成】按钮，如图 1-12 所示。

8．这样，就可以通过【开始】菜单或桌面上的快捷方式打开如图 1-13 所示的 ADSL 登录程序，单击【连接】按钮即可上网冲浪了。

提供 ADSL 服务的 ISP 不只一家，你可以根据地区及个人喜好的不同，选择电信、网通、铁通等不同的接入方式。

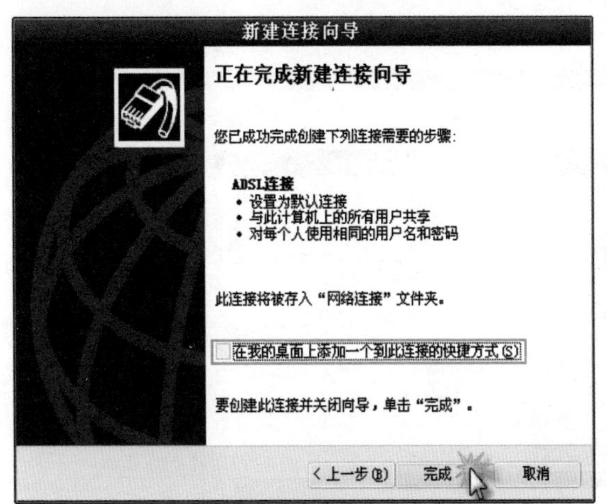

图1-12　“正在完成新建连接向导”窗口

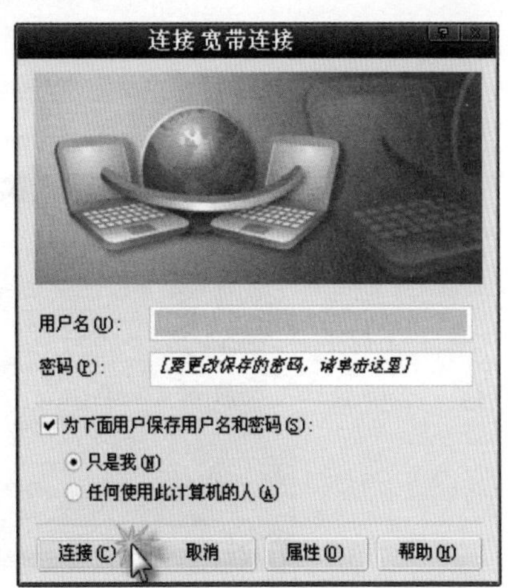

图1-13　“连接”窗口

提示　ADSL 用户经常会出现开机时检测不到网络的问题，不用担心。稍后，程序会自动尝试再次连接。

接入宽带的方式也并非只有 ADSL，还有小区宽带、Cable Modem 等，不同地区可选择接入宽带的方式也不尽相同，可根据需要自行选择合适的宽带。

浏览工具

网上冲浪时最基本、最常用的应用就是浏览网页了，浏览网页也需要特定的软件来支持，或许某些读者会说，直接打开 IE 浏览器不就得了？IE 浏览器仅仅是众多浏览器软件中的一种，由于其与 Windows 系统捆绑销售，因此几乎每台计算机上都能见到 IE 的身影，实际上还有很多同样优秀的浏览器软件可供我们选择。

最先登场的当然是浏览器软件界的老大 IE 了（图 1-14），由 Microsoft 出品，与其同胞 Windows、Office 一样大肆占有市场。

不过 IE 也有前辈，UNIX 下的 Mosaic 以及图 1-15 所示的 Netscape 都曾为一时翘楚，前者是第一个被人们普遍接受的浏览器软件，但最终于 1997 年消失；后者一度和 IE 分庭抗礼，并曾经进行过开源，但最终还是被 Microsoft 在 2006 年以 7.5 亿美元收购。

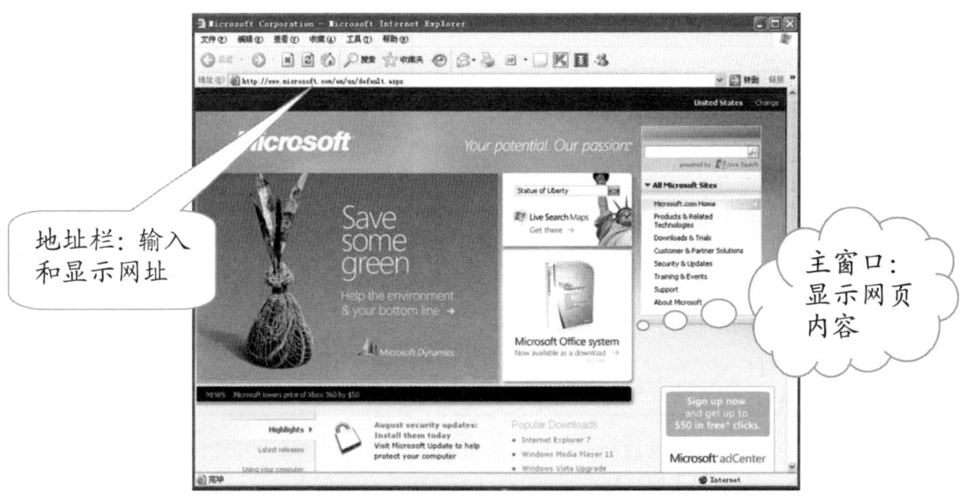

图1-14 Internet Explorer 浏览器

2007 年，曾经呼风唤雨的 Netscape 浏览器又回来了，网景公司发布最新的 Netscape Navigator 浏览器 9.0 Beta1 版，并分别针对 Windows、Mac OS X 和 Linux 系统开发相应版本。Netscape 9.0 基于 Mozilla Firefox，是一款纯粹的浏览器软件。

图 1-15 Netscape 浏览器

提示 最新版本的 Netscape 9.0 除了原有功能外，新增加了网页编辑、网址自动辨识、网站分级、邮件过滤、多人多账号等。

Microsoft 当然也不甘落后，随着 Vista 的发布，IE7 也同步发行。IE7 在界面形式、选项卡式浏览、搜索、RSS 订阅源、安全性等方面都有很大的突破。如图 1-16 所示的是 IE8 浏览器。

IE 作为浏览器的老大，用户群自然是最为广泛的。而其他大部分浏览器，也都是以 IE 作为范本设计和考虑兼容性的，所以 IE 的竞争对手们总是无法撼动其霸主地位。

时下流行的浏览器软件有很多，下面针对其中的几种进行简单介绍。

图 1-16　IE8 浏览器

1．遨游，如图 1-17 所示，原名为 MYIE2，从这个名称我们就不难看出，它的定位是基于 IE 的扩展性多功能浏览器，在其测试阶段，就受到很多人的关注和喜爱。其正式版本更名为“Maxthon”，俗称“马桶”。

遨游的下载地址：http://www.maxthon.cn/

图 1-17　遨游浏览器

提示　有很多这样的浏览器，使用 IE 的内核以保证浏览效果的准确性，但本身对 IE 进行了功能扩展使其更加方便，遨游浏览器无疑是其中的佼佼者。

2．Firefox 又称“火狐”，如图 1-18 所示。其特点在于：采用了小而精的核心，允许用户根据个人需要去添加各种扩展插件，以满足每个人的个性化需求。Firefox

是世界上最容易定制的浏览器之一，可定制工具栏添加按钮、安装新的扩展软件来增加新功能、安装符合个人风格的主题外观，还可以自动从难以计数的搜寻引擎中挑选适合的信息。另外，Firefox 的功能多少、体态大小，均可自定义实现。

火狐浏览器在分页浏览、广告窗口拦截、实时书签、界面主题、扩展插件等方面均有不俗的表现。

其官方下载地址：http://www.firefox.com.cn/

Firefox 拥有一组开发者使用的工具，包括强大的 JavaScript/CSS 控制台、文件查看器等，为你提供了洞察网页运作详情的能力。

3．Opera，如图 1-19 所示，是来自挪威的一个极为出色的浏览器，具有速度快、节省系统资源、定制能力强、安全性高以及体积小等特点，目前已经是最受欢迎的浏览器之一。值得一提的是，Opera 除了 Windows 外，也支持 Linux、Mac 等桌面操作系统。另外，在欧美推出的 Nokia 9210i 当中，Opera 也是内建在 Symbian（赛班）操作系统的浏览器，足见 Opera 在浏览器技术方面的实力。

下载地址：http://www.opera.com/zh-cn

Opera 集成了 BT 下载功能，无需安装其他 BT 软件，直接从 Opera 中点击种子文件即可下载；具有个性化搜索引擎，内容屏蔽，屏蔽掉广告等多种功能。

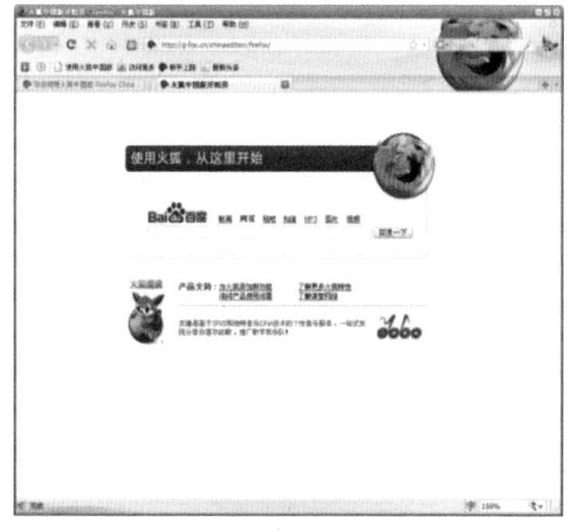

图1-18　Firefox浏览器

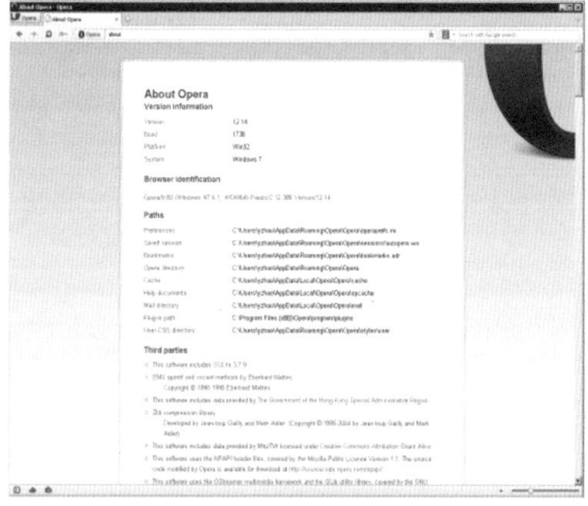

图1-19　Opera浏览器

4．世界之窗浏览器，如图 1-20 所示，是一款小巧、快速、安全、功能强大的

多窗口浏览器，它是完全免费、没有任何功能限制的绿色软件。不同于常见的其他 IE 内核浏览器，世界之窗浏览器使用 C++和 Win32 SDK 开发，自行针对浏览器开发进行了代码库的封装，具有更扁平更透明的封装特性，功能实现的方法更加灵活快速。世界之窗是一款安全的绿色软件，可以完全卸载，绿色版只需删除软件目录即可。

图 1-20　世界之窗浏览器

下载地址：http://www.theworld.cn/

提示　世界之窗浏览器由凤凰工作室出品，它完全免费；没有任何功能限制；不捆绑任何第三方软件；可以干净卸载。

防御黑客病毒

记得不太懂计算机的时候，每当听到新闻中报道某某病毒大规模爆发的时候就十分恐慌，比如，黑色星期五、HIV、蠕虫病毒等等，生怕自己的电脑被病毒感染，被黑客入侵。

了解一些电脑知识后才发现，即使电脑中了一些病毒，也是可以被清除的，黑客也没有那么可怕，只要做些处理就可以保证电脑的安全。

安装防火墙和杀毒软件，是有效防止黑客和病毒入侵的有力措施。

首先我们来介绍一下防火墙。

防火墙是位于计算机和它所连接的网络之间的软件，安装了防火墙的计算机，其流入、流出的所有网络通信均要经过此防火墙。使用防火墙是保障网络安全的第一步，图 1-21 为天网防火墙防止黑客入侵的防护日志记录。

目前，国产的防火墙主要有瑞星、天网、360（如图 1-22）、江民等；国际上有 ZoneAlarm、Outpost Firewall Pro、诺顿个人防火墙等。与国外防火墙超强的拦截能力相比较，国内的几款防火墙就略显逊色了，但是仍然可以满足个人用户对防火墙的需求。

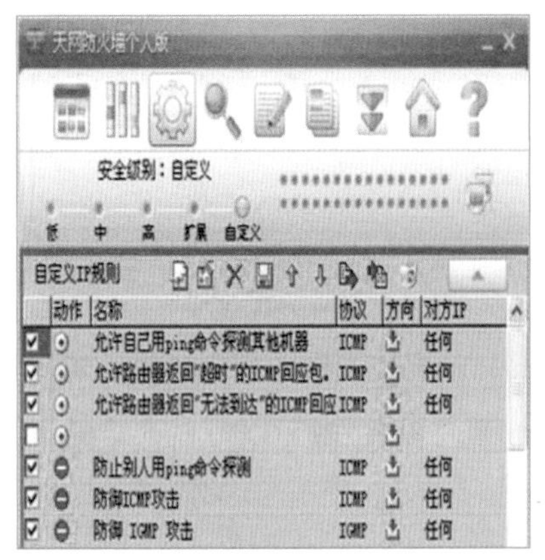

图 1-21　天网防火墙阻止黑客入侵

图 1-22　360 木马防火墙

下面主要介绍一下天网防火墙。

天网防火墙（SkyNet FireWall）个人版，如图 1-23 所示，作为一种免费的防火墙，由天网安全实验室制作。

天网防火墙分个人版和企业版，它们的价钱、安全等级、所提供的服务也因此而有所区别。

它根据系统管理者设定的安全规则（Security Rules）把守网络，提供强大的访问控制、应用选通、信息过滤等功能。它可以帮你抵挡网络中的入侵和攻击，防止信息泄露。如果有网络连接或入侵，防火墙都会予以记录。图 1-24 所示是其日志。

图1-23　天网防火墙个人版

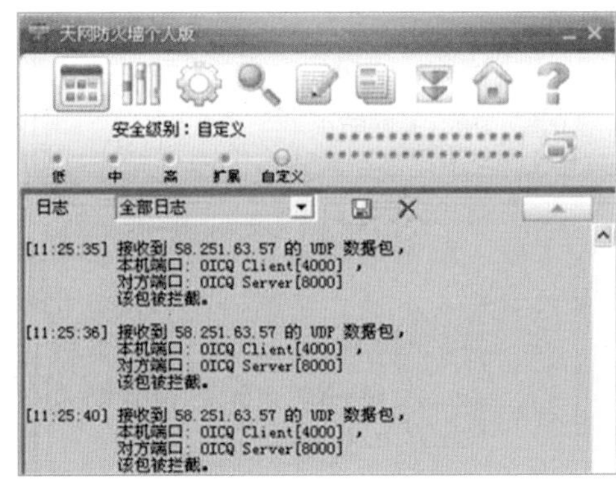

图1-24　天网防火墙日志

提示　天网防火墙可以拦截其他客户端发送过来的可疑数据包，并根据可疑的信息找到攻击者。

登录网址 https://www.onlinedown.net/soft/6958.htm，可以免费下载个人版防火墙软件，安装后就可以直接使用了，非常容易上手，无需设置什么，拿来就用。如果电脑中安装了其他软件，第一次使用时，都必须通过防火墙的允许，以防止可疑软件的自动运行，如图 1-25 所示。

接下来，让我们一起来了解一下杀毒软件的相关知识。

杀毒软件可以有效地阻止病毒侵入计算机系统。它就像一个信息分析系统，当它发现某些信息被感染后，就会清除其中的病毒。目前，国产的杀毒软件主要有 360、瑞星、金山、江民这四款，四大品牌共同占据了中国杀毒软件市场 70%以上的份额；而国际上，有被誉为世界三大杀毒软件的卡巴斯基、Macfee、诺顿，其中，卡巴斯基在中国的销售量也达到了近 10 万，市场占有率约为 12%。

国内目前使用较为普遍的 360 杀毒软件，是一款全免费的杀毒软件。图 1-26 所示为 360 杀毒软件的主界面。

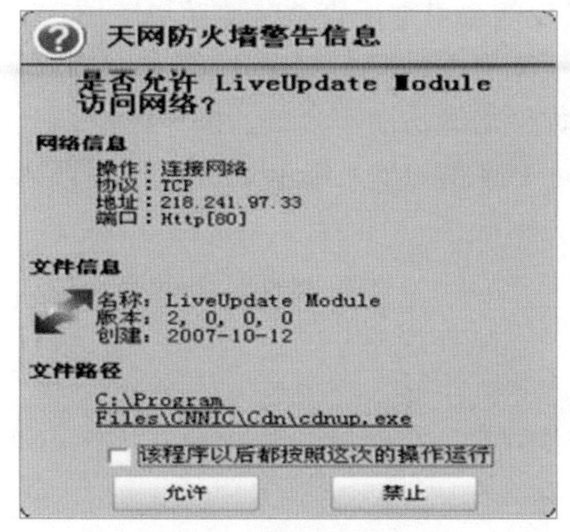

图 1-25　天网防火墙警告信息

图 1-26　360 杀毒软件

360 杀毒软件提供了三种扫描方式：快速扫描、全盘扫描和自定义扫描。其中的自定义扫描，可以对桌面、我的文档、Office 文档等进行有针对性的扫描。图 1-27 为快速扫描过程的截图。

360 杀毒软件有以下几大特点：

- 第二代 QVM 引擎，杀毒更“聪明”：基于人工智能算法，独具“自学习、自进化”优势，秒杀新生木马病毒，帮助 360 杀毒软件获得了 AV-C 国际评测查杀率第一的殊荣。

- 高灵敏轻量级防御架构：实时捕捉病毒威胁，预防效果更出色。全新架构进一步减少对系统资源的占用，性能提升 30%以上，电脑轻快不卡机。
- 加强版沙箱，看片更安全：隔离沙箱为你提供百毒不侵的安全体验，即使运行风险程序也不会感染真实系统，新增的“断网模式”,可以保护隐私不泄露。
- 两大知名反病毒引擎双剑合璧：智能引擎调度技术升级，可选同时开启小红伞和 BitDefender 两大知名反病毒引擎，查杀、监控更凌厉。

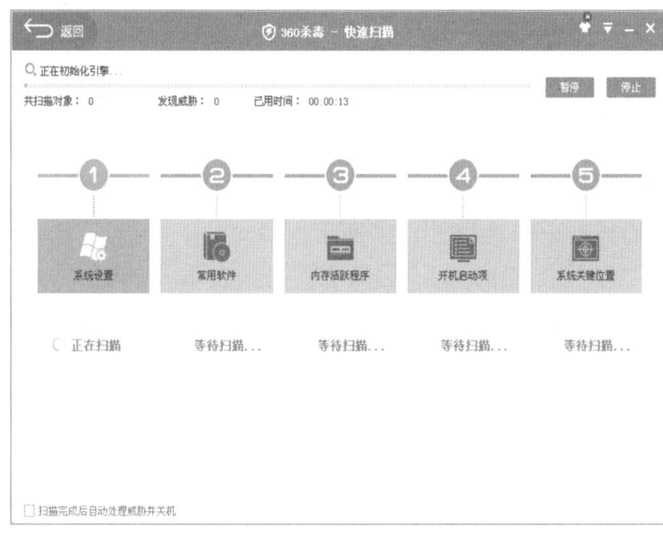

图 1-27　360 杀毒快速扫描

- “云动”界面，杀毒软件也性感：前所未有的清爽，灵动优美的体验！颠覆杀毒软件刻板枯燥的传统形象，为你带来简洁而不简单的操作体验。
- 全球首批入选 Windows 8 应用商店：是中国第一款入选 Windows 应用商店的杀毒软件，产品品质达到了国际领先标准。

常用功能抢鲜尝

一、查资料

随着信息技术的进步与互联网络的飞速发展，网络上的信息资源越来越丰富。互联网作为信息技术的载体已成为人们工作、学习、生活、娱乐的重要工具。互联网的发展给人们带来了巨大的方便，人们可以跨越时间和空间界限来共享大量信息。但是，面对互联网上如此丰富的内容，人们同时也感到无所适从。太多的内容使得迅速定位真正需要的信息变得更困难。因此人们迫切需要有效的信息发现工具来为他们在互联网上导航。

搜索引擎是一种用于帮助用户查询信息的搜索工具，它以一定的策略在互联网中搜集、发现信息，对信息进行理解、提取、组织和处理，并为用户提供检索服务，从而起到信息导航的目的。

它的主要任务是在互联网上主动搜索网页信息并将其自动索引，其索引内容存储于可供查询的大型数据库中。当用户输入关键词查询时，搜索引擎会告诉用户包含该关键词信息的所有网址，并提供通向该网站的链接。

图 1-28、图 1-29 是网友都非常熟悉的 Google 搜索引擎和百度搜索引擎。

图 1-28 Google 搜索引擎

图 1-29 百度搜索引擎

二、下载资源

随着网络的蓬勃发展，网上出现了很多好软件，有好的方法就能找到称心如意的软件。常用的软件在知名的大网站都能找到，不过有一些特殊的软件则需要使用搜索引擎查找或到特殊的站点下载。

图 1-30、图 1-31 是笔者常用的天空下载和太平洋电脑网下载页面。

图 1-30　天空下载首页

图 1-31　太平洋电脑网下载页面

三、看视频

百度视频是百度汇集互联网众多在线视频播放资源而建立的庞大视频库。它拥有大量的中文视频资源，提供用户完美的观看体验。它主要具有以下功能。

免费下载安装：免费观看高清影视、综艺、动漫等等，支持全网所有视频。

全网资源在线视频播放：支持优酷、土豆、搜狐视频、乐视网、爱奇艺、56 网、迅雷看看等全网视频资源观看，只需下载安装百度视频播放器即可播放网络中各大

网站的视频资源，热门大片尽情观看。

- 网络电视直播：百度视频 PC 客户端（图 1-32）提供了电视台高清直播功能，可以收看全国各地上百个电视频道。就算家里没电视也可以看电视直播。
- 多维度筛选：可以按照资源、类型、地区、演员、年代进行分类影视筛选，多维度筛选更有利于你发现自己喜爱的内容。
- 猜你喜欢：选择三部你最喜欢的电影，系统即可推荐给你喜欢的视频节目。
- 加速观影：支持智能解码，云端加速，让观影更流畅。

图 1-32　百度视频 PC 版

- 内容分类：网罗全网各大视频网站资源，拥有最全、最新的内容，每天更新，提供给你更多的选择。

四、听音乐

互联网技术的突飞猛进为人们追求高品质生活提供了便捷，从衣食住行的基本生活需求到琴棋书画的陶冶情操都可以通过互联网来满足。只需要在百度搜索框中键入喜欢的歌曲名字或喜欢的艺人名字，即可弹出需要的项目列表。图1-33、图1-34所示分别为用百度搜歌名与搜歌星的结果。

图1-33　用歌曲名进行百度搜索

图1-34　用歌星进行百度搜索

目前市面上听音乐的软件很多，这些软件不仅具备音乐播放器的功能，更可以制作歌单、制作歌词。本书将在第三章“美妙音乐，想听就听”中具体详解酷狗音乐、千千静听等主流音乐软件的下载与使用方法。

五、买东西

网络购物（图 1-35）是通过互联网检索商品信息，并通过电子订购单发出购物请求，然后填上私人支票账号或信用卡的号码，厂商通过邮购的方式发货，或是通过快递公司送货上门，消费者签收货物，从而完成整个交易过程。

1999 年底，随着互联网高潮来临，中国网络购物的用户规模不断上升。2010 年以来中国网络购物市场延续用户规模、交易规模的双增长态势。对于一些传统企业而言，通过传统的营销手段已经很难对现今的市场形成什么重大的改变，如果想将企业的销售渠道完全打开，就必须引进新的思维和新的方法。而网络购物正好为现今的传统企业提供了一个很好的机会与平台，传统企业通过借助第三方平台和建立自有平台纷纷试水网络购物，构建合理的网络购物平台、整合渠道、完善产业布局成为传统企业未来发展重心和出路。

图 1-35　网上购物

网上购物给用户提供方便的购买途径，只要简单的网络操作，足不出户，即可送货上门，并具有完善的售后服务。同时，在像当当网这样的平台购买商品，都能实现送货上门，货到付款，使网上购物的安全性得到了保障。这些都是顾客热衷网上购物和网络销售快速增长的原因。

目前，网上购物的种类越来越多，从 C2C 淘宝网、百度有啊、腾讯拍拍、当当网等个人对个人，到 B2C 华强商城、淘宝商城、亿汇网、京东商城（图 1-36），再到哈妹网等网络对个人，再到现在的 ITM 战略平台体系，由线上（电商）对线上（实体）。无论哪种类型，在配送上，网购都要面对全国的顾客，因此范围较广，配送时间一般都是 3 天左右，甚至更长。交易方式更是除了第三方担保，增加了 ITM 体系中的 OVS 交易方式。

这里对 ITM、OVS 这两个新潮商业名字简单解释一下。ITM 是英文 Interactive Trading Mode 的缩写，意为“互动交易模式”，该模式将电子商务与传统的实体店铺相结合，有效整合线上与线下资源，被视为当前传统零售业和电子商务同步相结合的发展趋势。

OVS 是线上定购（Order）、线下验货（Validation）和满意付款（Satisfactory）的交易方式或服务体系的英文简称。

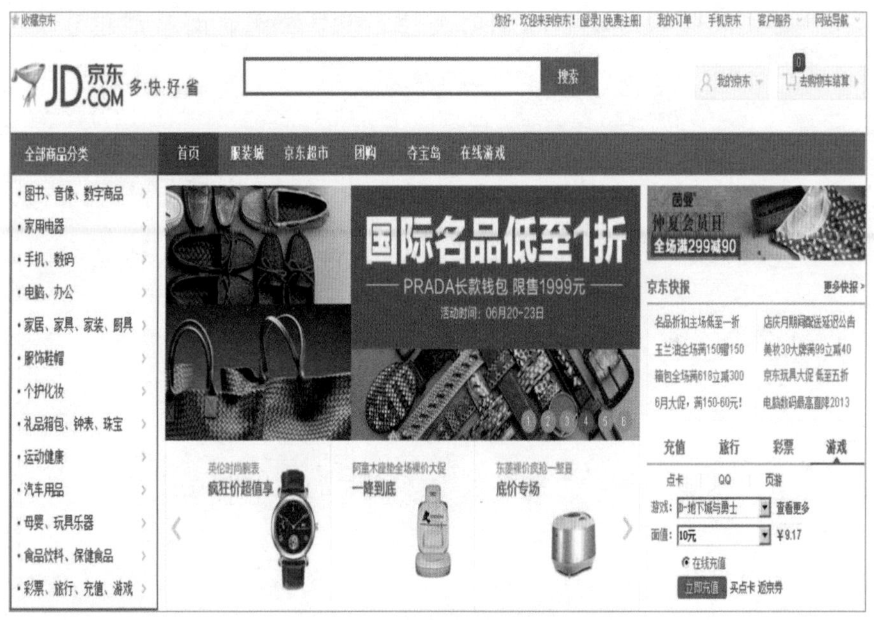

图 1-36　京东商城

平时上网你一般都会做些什么呢？对于不少人来说，网络的用处就是聊天、玩游戏、查资料。这三者中的查资料正是搜索引擎的用武之地。

随着网络上信息量以几何级数在增多，搜索引擎的发展越来越受到人们的关注，很多公司、网站都想来分一杯羹。

Baidu 和 Google 是笔者最常用的两大搜索引擎。先 Baidu，再 Google，或许有读者会问为什么不先 Google 呢？嘿嘿，支持国货！

有了搜索引擎，随便搜就能找到想找的东西吗？当然不是，找东西还是很需要技巧的！下面让我们一起进入搜索的世界。

第二章

搜索与搜索引擎

本章学习目标

◇ 搜索引擎之百度

介绍搜索引擎中的一大王牌——百度，包括百度的特点、使用方法等。

◇ 搜索引擎之谷歌

介绍国际搜索引擎界的王者——谷歌的使用方法及特色。

◇ 搜索引擎之 360 搜索

介绍搜索界以迅猛势头发展起来的小朋友——360 搜索的特点及使用方法。

◇ 盘点常用搜索引擎

介绍目前比较流行的几种搜索引擎的使用方法和特色。

◇ 搜索达人养成记

掌握使用搜索引擎进行信息检索时的小方法以及一些提高搜索能力的小技巧。

搜索引擎之百度

百度在搜索引擎的地位看看图 2-1 的图表就知道了，这是一份 2013 年 5 月国内关于搜索引擎的统计数据。

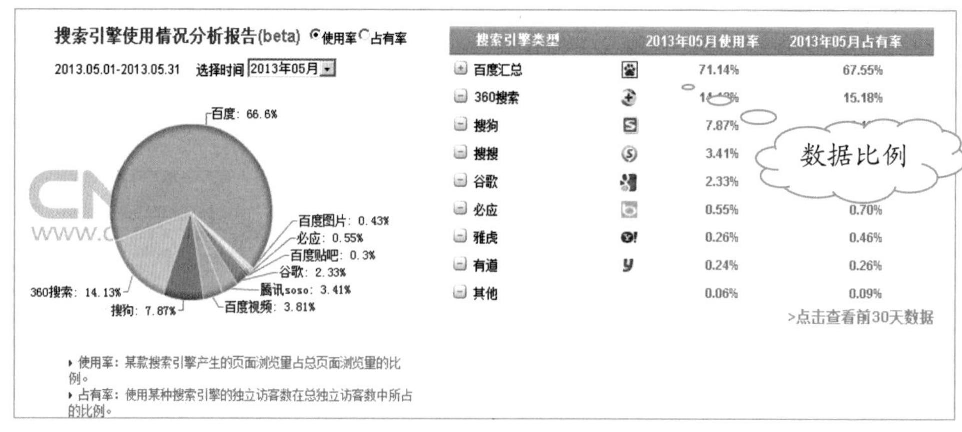

图2-1　浏览器市场使用率分析

从图 2-1 中我们不难发现，百度的市场使用率遥遥领先，360 搜索紧跟其后，但还是有很大差距。不过，在国际市场上，Google 仍然占有很大优势。下面首先介绍一下百度。

图 2-2　百度首页

百度搜索引擎拥有目前世界上最大的中文搜索引擎，其总量超过 3 亿页以上，并且还保持着快速的增长势头。百度搜索引擎具有高准确性、高查找率、更新快以及服务稳定等特点，能够帮助广大网友快速地在浩如烟海的互联网信息世界中找到自己需要的信息。

提示　百度的名字来源于宋代词人辛弃疾《青玉案·元夕》中的诗句“众里寻他千百度，蓦然回首，那人却在灯火阑珊处”。

自古以来，人们就一直在追求更好的信息获取方式，互联网的兴起，极大地推动了信息检索技术的进步，一代代的搜索引擎技术人员不断地研究、发明新的、更能满足用户需求的搜索服务，搜索引擎也始终在人们心目中占有极其重要的地位。搜索引擎作为互联网的一项基础应用，已经越来越得到广泛的认同。

点击【关于百度】超级链接，会跳转到如图 2-3 所示的百度公司主页，从中我们可以了解到百度公司一路走来的历程以及最新动态和行业新闻等内容。

图 2-3　百度公司主页

百度为企业提供了一个获得潜在消费者的平台，并为大型企业和政府机构提供海量信息检索与管理方案。

提示　百度狂热地追求更好的搜索技术，追求给网民带来最好的搜索体验，为人们提供最便捷的信息获取方式。

现在的搜索引擎早已不满足于简单的网页搜索了，百度自然也不能落后。点击【更多】按钮，会出现图 2-4 所示的画面，乍一看还真多，而且有很多自己没有用过的，挨个看看都有什么好东西吧，说不定就有什么意外的收获呢。

百度最简单的操作方法就是输入关键词，点击【百度一下】，就会出现相关的结果，然后在搜索结果当中查找就好了。

但是，随着互联网信息的不断增多，尽快地找到自己需要的信息已不是一件容易的事。尽管搜索引擎的算法在不断提高，但通过默认搜索框中输入一个完整的搜索项来查找，其精确性往往无法让人满意。因此，掌握一定的搜索技巧，将有助于即时找到自己所需要的结果。

图2-4 百度更多的服务

如图 2-5 所示，输入“高考”，点击【百度一下】，就可以看到与“高考”相关的信息了。

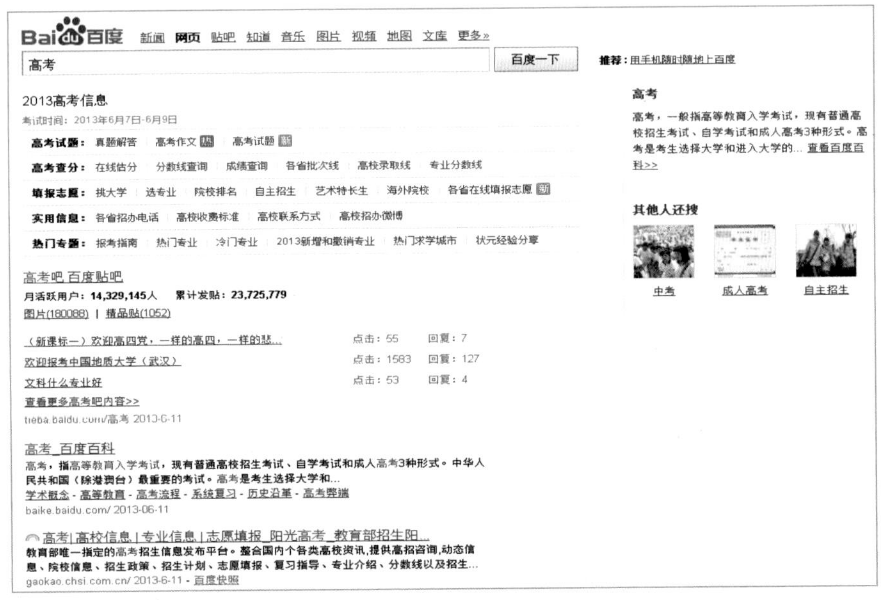

图2-5 第一次搜索结果

如果百度所搜索到的相关内容太多，使用户不能即时找到自己所需要的结果时，

那么就需要进行二次检索，即在一次检索的结果中再进行检索。例如，在百度中输入关键词“高考”，点击【百度一下】，你会找到约 100,000,000 篇与高考相关的网页；再在搜索关键词“高考”后面，输入空格，再输入关键词“2013”，点击【百度一下】，你会找到约 34,300,000 篇与 2013 高考相关的网页，或者将第一次检索中的关键词“高考”修改为“2013 高考”，然后点击【百度一下】，也可进行二次检索，如图 2-6 所示。

相比较一次检索搜索到的网页，二次检索就更加具体，更有针对性。当然也可在此基础上继续查询，缩小范围，直至找到自己需要的内容。

图2-6 第二次搜索结果

搜索引擎之谷歌

虽然百度在中国市场独领风骚，但是，在美国以及世界市场上当然还是Google当老大。

2013年3月13日，互联网流量监测机构comScore最新发布了2013年2月的搜索引擎市场调查报告。数据显示，雅虎在美国网络搜索市场的份额仍在下滑，而谷歌的市场份额则创出历史新高。图2-7为相关数据统计报表。

comScore Explicit Core Search Share Report*
February 2013 vs. January 2013
Total U.S. – Home & Work Locations
Source: comScore qSearch

Microsoft 势头强劲

谷歌市场占有率过半

Search Entity	Explicit Core Search Share (%)		
	Jan-13	Feb-13	Point Change
Total Explicit Core Search	*100.0%*	*100.0%*	*N/A*
Google Sites	67.0%	67.5%	0.5
Microsoft Sites	16.5%	16.7%	0.2
Yahoo! Sites	12.1%	11.6%	-0.5
Ask Network	2.8%	2.6%	-0.2
AOL, Inc.	1.7%	1.7%	0.0

图2-7　comScore搜索引擎市场调查报告

Google Inc.创建于1998年9月，是万维网上最大的搜索引擎，使用户能够访问一个包含超过80亿个网址的索引。Google 坚持不懈地对其搜索功能进行革新，始终保持着自己在搜索领域的领先地位。

提示　“Google”是一个数学名词，表示一个 1 后面跟着 100 个零的数。使用这个名字是为了反映其整合全球海量信息的使命。

主页地址：www.google.com.hk，图2-8为其首页。

Google 搜索技术所依托的软件可以同时进行一系列的运算，且只需片刻即可完成所有运算。而传统的搜索引擎在很大程度上取决于文字在网页上出现的频率。

图2-8　Google首页

Google 使用 Page Rank™ 技术检查整个网络链接结构，并确定哪些网页重要性最高。然后进行超文本匹配分析，以确定哪些网页与正在执行的特定搜索相关。在综合考虑整体重要性以及与特定查询的相关性之后，Google 可以将最相关最可靠的搜索结果放在首位。

Google和Baidu一样具有很多扩展功能，通过点击主页的“更多”的链接即可打开如图2-9所示的页面。

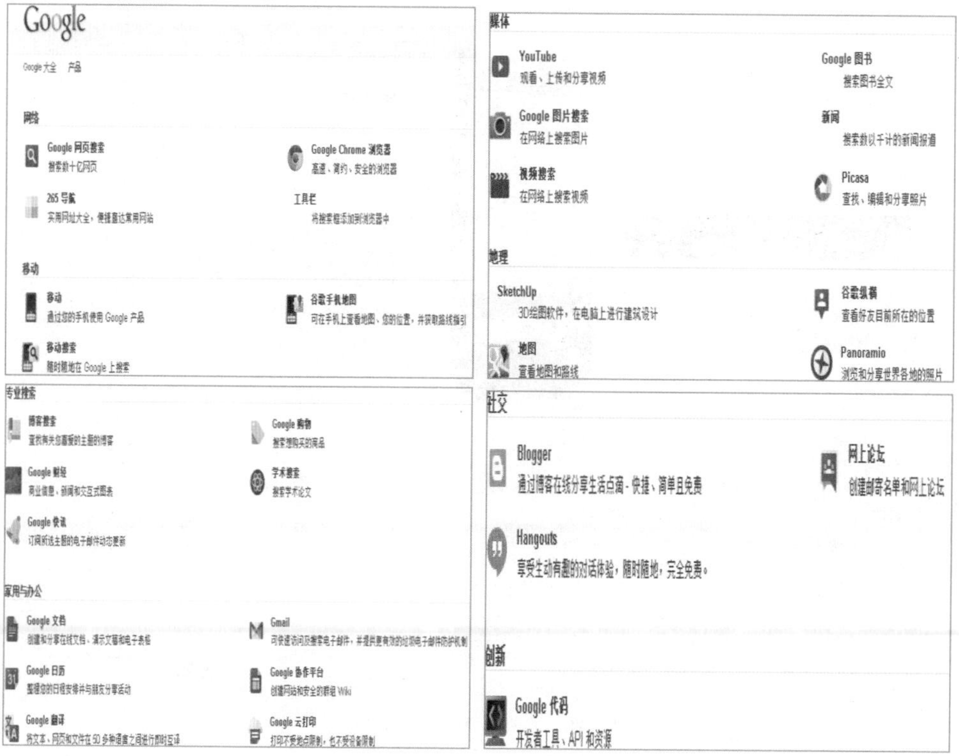

图2-9　Google产品

Google提供了网页快照、计算器、类似网页、指定网域、手气不错等多种额外功能，将用户所需信息分类，使用户能更快地找到有用的内容。

提示　Google 查询的全过程通常不超过半秒时间，但在这短短的时间内需要完成多个步骤，然后才能将搜索结果交付给搜索信息的用户。

Gmail邮箱是Google提供的另一个功能，图2-10为其登录界面。笔者身边的年轻人也越来越多地使用Gmail的邮箱。

随附内置的Google搜索技术自然是其最大的亮点之一；使用Google Talk组件的聊天功能也体现了Google的规模效应。

Gmail登录地址：www.gmail.com

图 2-10　Gmail 登录页面

搜索引擎之 360 搜索

2012年8月16日，奇虎360推出了综合搜索——360搜索，360拥有强大的用户群和流量入口资源，这对其他搜索引擎将极具竞争力。

360综合搜索是360开放平台的组成部分，属于元搜索引擎，是搜索引擎的一种，是通过一个统一的用户界面帮助用户在多个搜索引擎中选择和利用合适的（甚至是同时利用若干个）搜索引擎来实现检索操作，是对分布于网络的多种检索工具的全局控制机制。国外比较成功的类似网站有InfoSpace、Dogpile、Vivisimo等“元搜索”网站。而360搜索属于全文搜索引擎，是奇虎360公司开发的基于机器学习技术的第三代搜索引擎，具备“自学习、自进化”能力和发现用户最需要的搜索结果。

如图2-11所示，360综合搜索目前主要包括新闻搜索、网页搜索、微博搜索、视频搜索、MP3搜索、图片搜索、地图搜索、问答搜索、购物搜索，通过互联网信息的及时获取和主动呈现，为广大用户提供实用和便利的搜索服务。

图2-11　360搜索主页

360综合搜索的地址：http://www.so.com/

提示　利润的诱惑、盟友谷歌中国的疲弱表现，加上周鸿祎的搜索情结，是推动着360进军搜索市场的三驾马车。

此前，360综合搜索在没有任何市场宣传的情况下，低调上线。众多网站站长发现来自该搜索引擎的流量呈爆发式增长，短短5天时间就超越搜狗等老牌搜索引擎。业界认为，360旗下拥有数量庞大的浏览器和网址导航用户，随着360综合搜索全面铺开，其市场份额仍有较大上升空间。

有一些业内人士认为，360搜索开放平台做的不少，股票、图片、视频、奥运、地图、百科，还有新闻的聚合，贴吧的结构化。总体效果着实不易。此外，也有观点指出，虽然综合搜索和通用搜索还有一定的差别，但这并不失为360进军通用搜索的一个跳板。

提示　目前360搜索共向外界公开两种网站提交方式：
方式一：通过专用入口提交，详见参考资料。
方式二：通过360浏览器中的推荐网址到360搜索功能提交。

下面以360搜索和百度为例，对综合搜索和通用搜索的区别进行简单介绍。

1. 在两个搜索框里分别随便输入一些关键词，对于一些常用词汇，如图2-12所示，两者之间的区别并不大。同时，我们可以从图2-13中发现，在360综合搜索的右侧，出现广告业务信息的比较少，没有像百度一样随便输入一个关键词右侧就会出现大量的图片或者文字的广告信息。

2. 在两个搜索框里分别输入与金钱有关的关键词，比如淘宝网或者支付宝，360综合搜索都会有相应的提示，提醒用户谨慎辨别，以免造成经济损失；而百度在这

一方面却没有相应的提示或者警示。这一点，360综合搜索做得还是比较人性化的。

图2-12　360搜索（上）与百度搜索（下）关键词下拉框对比

3．360对域名的权重更加看重。

4．高级搜索指令的不同。

（1）在360中不能用site命令查询一个域名的收录量。

（2）360是不支持domain命令的。在360搜索domain:域名，我们会发现360把domain当做了一个关键词。

5．过滤算法的不同。

大量在百度被K的网站（指网站被百度搜索引擎封杀了），在360中都有收录，甚至搜索某些关键词时排名还很好，而真正做得好的网站却可能没有好的排名。其实这对360、用户、站长三方都是不利的。

图2-13　360（上）与百度（下）搜索结果对比

6．行业收录标准。

对于百度，如果一个行业的信息量很少，那么收录的标准将较低；如果信息量很多，收录的标准就很高。而在360，因为是刚刚出来的搜索引擎，需要收录大量的信息，所以即使行业的信息量不是很多，也会被收录。

7．用户需求的判断。

360搜索推出专业的医疗、医药、健康信息的子垂直搜索引擎——良医搜索，

地址为：http://ly.so.com。意在帮助网民在搜索医疗医药信息的时候，不受到虚假医疗广告、虚假医疗信息的侵扰，从而保障网民放心看病、放心就医。这也是360搜索在长期遵循的“干净、安全、可信赖”的理念，推出的重要产品。图2-14所示为360良医搜索界面。

图2-14 360良医首页

盘点常用搜索引擎

相信如今搜索引擎的发展速度是之前无法想象的事情，老牌的专业搜索引擎不断地兼并小网站、小公司来扩大自己的业务范围；门户网站则纷纷来抢占这一市场，也要从中分得一杯羹，真可谓百家争鸣、遍地开花。不过对于我们用户来讲，这是件大好事，竞争越激烈，选择越多，网络用户就能享受到更好的服务。

图2-15 搜狗主页

一、搜狗

搜狗是搜狐公司于2004年8月3日推出的全球首个第三代互动式中文搜索引擎。搜狗以搜索技术为核心，致力于中文互联网信息的深度挖掘，帮助中国上亿网民加快信息获取速度，为用户创造价值。图2-15为搜狗主页。

网站地址：www.sogou.com

二、必应

Microsoft不会放过任何一个可以产生价值的领域，搜索引擎这块肥肉怎能放过？图2-16所示为必应（Bing，台湾地区译作缤纷）主页，它是微软公司于2009年5月28日推出的一款用以取代Live Search的搜索引擎。2009年5月29日，微软正式宣布全球同步推出搜索品牌“Bing”，中文名称定为“必应”，与微软全球搜索品牌Bing同步。

图2-16　必应主页

必应不像谷歌那样只有简单的白色背景，取而代之的则是一幅精美照片，并且定期更换。另外，必应在网页搜索结果页面的左侧会列出精炼后的搜索结果。

网站地址：http://cn.bing.com/

三、中搜

中搜（原慧聪搜索）是国内领先的搜索引擎公司。自2002年正式进入中文搜索引擎市场以来，中搜取得了一系列令人瞩目的成绩。在一年多的时间里，发展成为全球领先的中文搜索引擎公司，先后为新浪、搜狐、网易、TOM等知名门户网站，以及中搜联盟上千家各地区、各行业的优秀中文网站提供搜索引擎技术。目前，每天有数千万次的中文搜索请求是通过中搜实现的。

中搜是全球领先的新一代中文搜索引擎，依托第三代搜索引擎和个性化微件（Widget）技术，实现了人类知识与检索技术的融合，创造了第三代开放的搜索引擎平台。中搜也被公认为第三代智能搜索引擎的代表。

网站地址：http://www.zhongsou.cn/，图2-17为网站主页。

提示　中搜和雅虎一样，在最初发展搜索引擎的基础上建立了自己的网站，为用户提供更全方位的网络服务。

图2-17　中搜主页

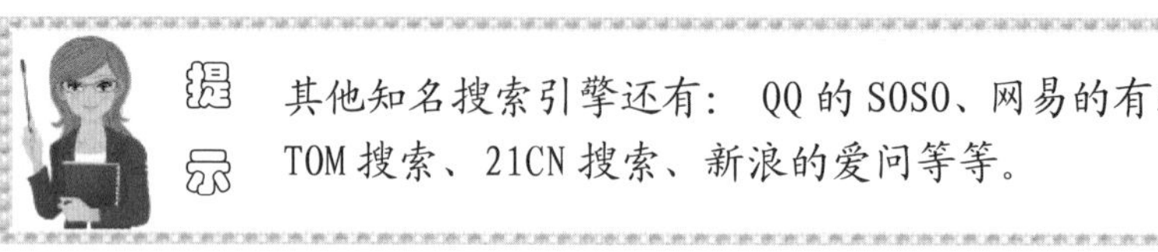

提示
其他知名搜索引擎还有：QQ的SOSO、网易的有道、TOM搜索、21CN搜索、新浪的爱问等等。

另外还有很多不错的搜索引擎，本书就不再一一介绍，各种搜索引擎的使用方法十分相似，也很简单，请读者使用相关的帮助信息自行学习。

搜索达人养成记

信息资源已成为这个时代的最大财富，搜索引擎带来了大量的信息资源，也带来了更大量的信息垃圾。懂得如何找到有用的资源俨然成为了一个人能力的体现。如果你多使用一些下面介绍的技巧，将发现搜索引擎能花费更少的时间找到你需要的确切信息。

一、按类别搜索

许多搜索引擎（如图2-18所示的必应搜索）都显示类别，如图片、视频、学术、

词典和地图。如果你单击其中一个类别，然后再使用搜索引擎，你将可以选择搜索整个Internet还是搜索当前类别。显然，在一个特定类别下进行搜索所耗费的时间较少，而且能够避免大量无关的Web站点。

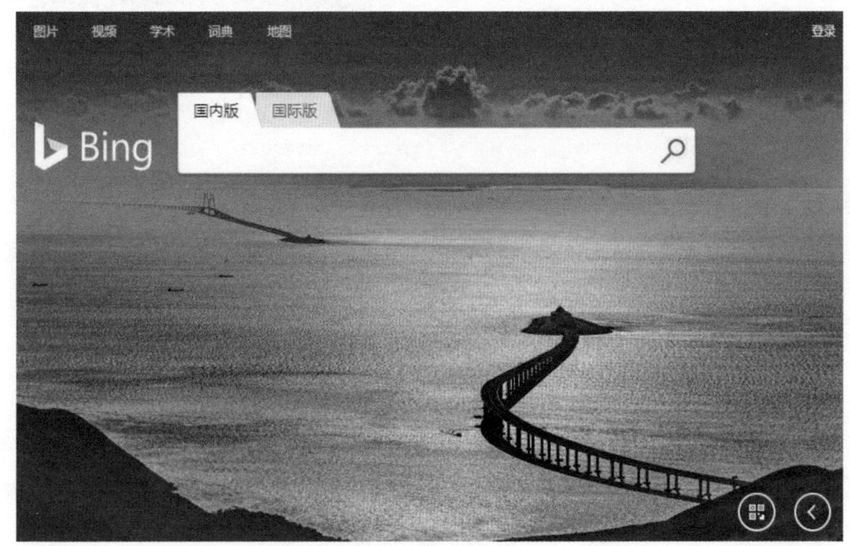

图2-18　必应搜索

二、选择具体的关键词

应当避免拿含义宽泛的一般性词语作为关键词，比如想要搜索以鸟为主题的Web站点，你可以在搜索引擎中输入关键词“bird”。但是，搜索引擎会因此返回大量无关信息，如谈论羽毛球的“小鸟球（birdie）”或烹饪game birds不同方法的Web站点。为了避免这种问题的出现，请使用更为具体的关键词，如“ornithology”（鸟类学，动物学的一个分支）。你所提供的关键词越具体，搜索引擎返回无关Web站点的可能性就越小。

三、避免使用无意义的虚词

去掉关键词中的疑问词、连词、叹词、助词、语气词等无意义的虚词，有助于提高检索质量。比如“怎么样给金鱼换水”的检索质量就不如“金鱼换水”。

四、使用多个关键词组合

你还可以通过使用多个关键词来缩小搜索范围。当你发现搜索结果中存在很多无关信息的时候，可以尝试增加关键词来过滤掉无关的结果。比如，位于北京的你搜索“同城快递”的时候，可能出现很多地方的快递服务，但是你搜索“北京同城快递”，结果就非常好了。其对比效果如图2-19所示。一般而言，你提供的关键词越多，搜索引擎返回的结果越精确。

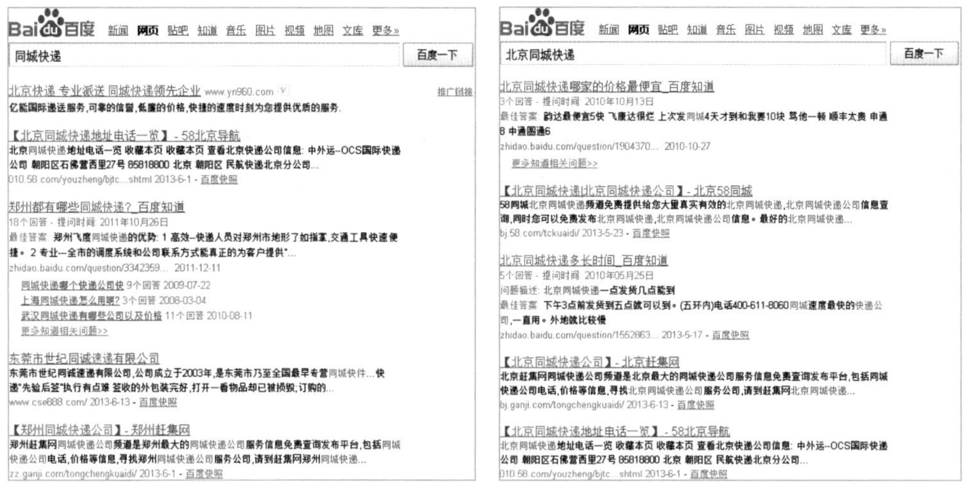

图2-19　使用多个关键词组合

提示　使用括号：当两个关键词通过另外一种操作符连在一起，而你又想把它们作为一个整体时，就可以通过为这两个词加上圆括号来实现。

五、区分大小写

这是检索英文信息时要注意的一个问题，许多英文搜索引擎可以让用户选择是否要求区分关键词的大小写，这一功能对查询专有名词有很大的帮助，例如：Web专指万维网或环球网，而web则表示蜘蛛网。

六、精确匹配

- 双引号“ ”：给要查询的关键词加上双引号（半角，以下要加的其他符号同此），可以实现精确的查询，这种方法要求查询结果精确匹配，不包括演变形式。例如，搜索“电传”，加上双引号后，它就会返回网页中有“电传”这个关键词的网址，而不会返回诸如“电话传真”之类网页。
- 书名号《 》：是百度独有的一个特殊查询语法。在其他搜索引擎中，书名号会被忽略，而在百度，中文书名号是可被查询的。加上书名号的查询词，有两层特殊功能，一是书名号会出现在搜索结果中；二是被书名号括起来的内容，不会被拆分。书名号在某些情况下有很好的效果，特别是在查名字很通俗和常用的那些电影或者小说时尤为如此。比如，查电影《手机》，如果不加书名号，很多情况下出来的是通信工具——手机，而加上书名号后，结果就都是关于电影方面的了，如图2-20所示。

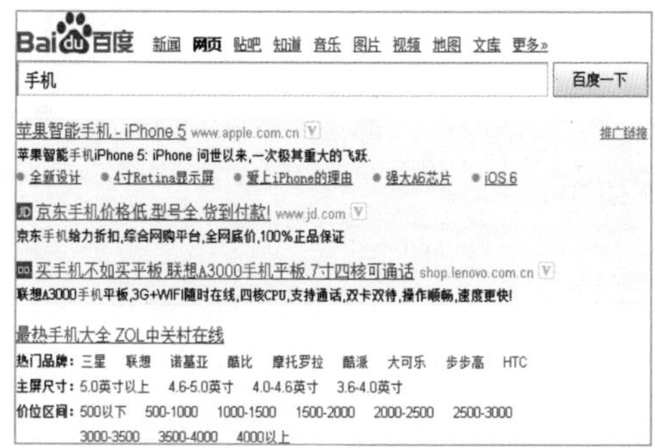

图2-20 使用书名号精确查询

七、使用通配符

通配符包括星号（*）和问号（?），前者表示匹配的数量不受限制，后者匹配的字符数要受到限制，主要用在英文搜索引擎中。例如输入“compu*”，就可以找到“computer”“compuware”“compupack”等单词，而输入“comp?ter”，则只能找到“computer”“compater”“competer”等单词。

八、使用布尔检索

所谓布尔检索，是指通过标准的布尔逻辑关系来表达关键词与关键词之间逻辑关系的一种查询方法，这种查询方法允许我们输入多个关键词，各个关键词之间的关系可以用逻辑关系词来表示。

- AND，称为逻辑“与”，用AND进行连接，表示它所连接的两个词必须同时出现在查询结果中，例如，如图2-21所示输入“hot AND dog”，它要求查询结果中必须同时包含hot和dog。搜索引擎将返回以热狗(hot dog)为主题的Web站点。

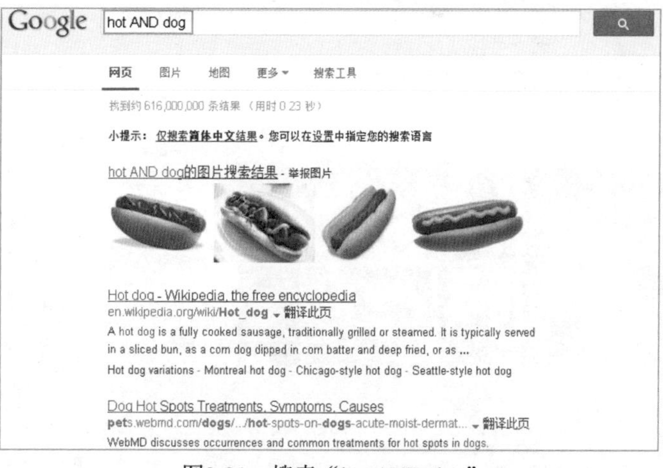

图2-21 搜索“hot AND dog”

- OR，称为逻辑“或”，它表示所连接的两个关键词中任意一个出现在查询结果中就可以，如图2-22所示输入“hot OR dog”，就要求查询结果中可以只有hot，或只有dog，或同时包含hot和dog。这些Web站点的主题可能是热狗（hot dog)、狗，也可能是不同的空调在热天（hot day）使你凉爽、辣酱（hot chilli sauces）或狗粮，等等。

图2-22　搜索“hot OR dog”

- NOT，称为逻辑“非”，它表示所连接的两个关键词中应从第一个关键词概念中排除第二个关键词，例如输入“automobile NOT car”，就要求查询的结果中包含automobile（汽车），但同时不能包含car（小汽车）。
- NEAR，它表示两个关键词之间的词距不能超过n个单词。

在实际的使用过程中，你可以将各种逻辑关系综合运用，灵活搭配，以便进行更加复杂的查询。

九、使用元词检索

大多数搜索引擎都支持“元词”（metawords）功能，即将元词放在关键词的前面，从而告诉搜索引擎你想要检索的内容具有哪些明确的特征。例如，在搜索引擎中输入“title:清华大学”，就可以查到网页标题中带有清华大学的网页。在键入的关键词后加上“domain: org”，就可以查到所有以org为后缀的网站，等等。

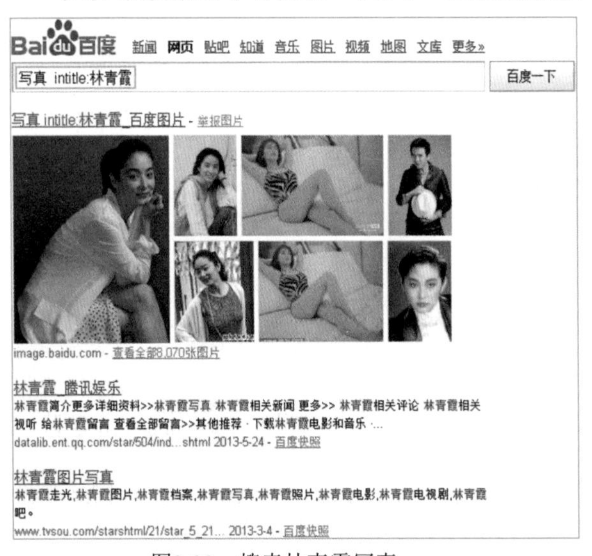

图2-23　搜索林青霞写真

常用的元词有：

1. 把搜索范围限定在网页标题中——intitle:标题。

网页标题通常是对网页内容提纲挈领式的归纳。把查询内容范围限定在网页标题中，有时能

获得良好的效果。

使用的方式：把查询内容中，特别关键的部分，用“intitle:”领起来。例如找林青霞的写真，就可以如图2-23所示输入关键词：“写真 intitle:林青霞”。注意，intitle:和后面的关键词之间，不要有空格。

2．把搜索范围限定在特定站点中——site:站名。

你如果知道某个站点中有自己需要的东西，就可以把搜索范围限定在这个站点中，以提高查询效率。

使用的方式：在查询内容的后面，加上“site:站点域名”。例如，天空网下载软件不错，就可以这样查询：“msn site:skycn.com”，如图2-24所示。注意，site:后面跟的站点域名，不要带“http://”。

图2-24 在天空网中搜索MSN

另外，site:和站点名之间，不要带有空格。

3．把搜索范围限定在url链接中——inurl:链接。

网页url中的某些信息，常常有某种有价值的含义。因此，如果对搜索结果的url做某种限定，那么可能会获得良好的效果。

实现的方式：用“inurl:”，后跟需要在url中出现的关键词。例如，找关于photoshop的使用技巧，可以这样查询：photoshop inurl:jiqiao。上面这个查询串中的“photoshop”可以出现在网页的任何位置，而“jiqiao”则必须出现在网页url中。注意，inurl:和后面所跟的关键词之间不要有空格。

4．专业文档搜索——filetype:文档格式。

“filetype:”是Google开发的一个非常强大而且实用的搜索语法。通过这个语法，不仅能搜索一般的网页，还能对某些二进制文件进行检索。

使用的方法：在查询内容的后面，加上“filetype:文件格式”。例如，搜索包含“hot”的Word文档，就可以如图2-25所示输入关键词“hot filetype:doc”。注意，filetype:和文档格式之间，不要带有空格。

图2-25　搜索包含hot的Word文档

提示　在查找论文、书籍、资料、文献、动画等有特定格式内容的时候，“filetype:”关键词就变得十分有用。

其他元词还包括：image:用于检索图片，link:用于检索链接到某个选定网站的页面，等等。

十、使用加减号

- 使用加号（+）：在关键词的前面使用加号，也就等于告诉搜索引擎该单词必须出现在搜索结果中的网页上，例如，在搜索引擎中输入“+电脑+电话+传真”就表示查找的内容必须要同时包含“电脑、电话、传真”这三个关键词。搜索结果如图2-26所示。

Baidu百度　新闻　网页　贴吧　知道　音乐　图片　视频　地图　文库　更多»

+电脑+电话+传真　百度一下

电脑 一体传真机 电话 怎么连接_百度知道
3个回答 - 提问时间: 2011年03月22日
最佳答案: 电脑和一体机用usb或网线,电话线先到传真机,在连电话
zhidao.baidu.com/question/2415279... 2011-6-15
电脑能连接传真机吗?不用电话就能发送传真? 6个回答 2011-09-03
怎麼靠电脑发到电话传真 2个回答 2012-01-13
更多知道相关问题>>

Philips 传真机, 电脑产品和电话
传真机: 飞利浦官方站点涵盖了所有规格。比较并找到在哪里购买这些产品。... 电脑产品和电话 电话移动电话电脑耳麦显示器电脑音箱录音解决方案笔记本和 iPad 附件驱动...
www.philips.com.cn/c/faxes/139460/c... 2013-6-10 - 百度快照

电话、电脑、传真机、复印机弹簧公司_电话、电脑、传真机、复印机...
阿里巴巴为您找到2873条关于电话、电脑、传真机、复印机弹簧生产商的工商注册年份、员工人数、年营业额、信用记录、主营产品、相关电话、电脑、传真机、复印机弹簧产品...
china.alibaba.com/gongsi/-B5E7BBB0A1... 2013-5-25 - 百度快照

图2-26　使用加号限定搜索结果

- 使用减号（－）：在关键词的前面使用减号，也就意味着在查询结果中不能出现该关键词，例如，想搜索关于神雕侠侣游戏方面的内容，却发现很多

关于电视剧方面的网页。那么就可以如图2-27所示输入搜索关键词“神雕侠侣－电视剧”。注意，前一个关键词，和减号之间必须有空格，否则，减号会被当成连字符处理，而失去减号语法的功能。减号和后一个关键词之间，有无空格均可。

图2-27　使用减号限定搜索结果

提示

搜索的技巧还有很多，特别是如何选取关键词，如果不能找到需要的内容，请读者自行实验，在实践中逐渐熟悉。

有人说越聪明的人越懒，这绝不是说懒人就是聪明的，而是说很多人很聪明，会通过各种方式让生活变得简单。

想当年，毕昇如果不是觉得雕版印刷太枯燥、太繁琐，又怎么会发明出活字印刷？黄道婆如果不是觉得传统的纺织技术落后、效率低下，又怎么会发明出纺织机呢？估计网络也是懒人发明的，因为太方便了，想找什么都有。

网络到底都能做些什么呢？真的有那么神奇吗？

软件、图片、新闻、游戏，应有尽有，现实中的东西绝大多数都能从网络中找到，现在的网络几乎无所不能。或者说，网络是一个平台，是一个传媒方式，甚至是人类生活的另一个世界。

在这里，只有你想不到的，没有你找不到的。

不信？请往下看。

第三章
虚拟网络世界

本章学习目标

◇ 日常应用软件

学习如何轻松地通过搜索引擎或已知的站点，查找并下载日常生活中需要的软件。

◇ 丰富精彩的游戏世界

单机、网游、页游，无论是挑战型还是策略型，应有尽有，给我无限乐趣。

◇ 精美图片，美妙绝伦

精美的图片给人以美的享受，感人的图片令人深思，搞笑的图片带来欢乐，宏伟的图片令人感叹，惊险的图片给人刺激，精妙的图片让人赞叹。

◇ 及时、快捷的网络新闻

提供最新、最快、最详细的资讯，让我们“坐知天下事”。

◇ 足不出户成为网购达人

让全世界的购物中心，都成为我们免费的体验中心。

◇ 找工作、选职位、投简历，一站全实现

包分配已经成为过去式，找到最适合我们的工作，展现最自信的自己，网络找工作成为宅男宅女们最大的助力。

◇ 美妙音乐，想听就听

各个年代、各种风格、数量繁多的音乐资源都能一网打尽。

◇ 影音下载，信手拈来

你是否曾经因错过一场期盼很久的比赛而遗憾，因为停电、考试、加班等特殊原因没有看成的情况？有了影音下载，这样的遗憾再也不会存在了。

◇ 微博在线，时刻分享身边的事

随时随地分享手机、平板，随拍随发，展示自己，评论人生。

日常应用软件

在网络还不发达的时代，使用的人很少，笔者是到中关村去淘软件，一般情况下每年一两张 CD 盘就能满足需要，一款单机版游戏，不升级也能玩很久。

现在网络发达了，普及率高了，参与的人多了，软件版本变化的速度，比股票涨得还快，笔者也曾经因为在 2012 年还在使用 QQ2010 而被朋友鄙视过。

随着网络的蓬勃发展，我们已经越来越不需要去中关村淘软件、买光盘了。网上提供了很多好软件，有好的方法就能找到称心如意的软件。常用的软件在知名的大网站都能找到，不过有一些特殊的软件则需要使用搜索引擎查找或到特殊的站点下载。从浩如烟海的网站页面中找到正确的下载链接也是一个很耗费精神的事。此外，出于商业考虑，很多提供下载服务的网站会如图 3-1 所示，在页面中插入非常多的广告链接，如果不仔细看，很可能不但无法下载到自己真正需要的软件，还可能被挂马或者中病毒。

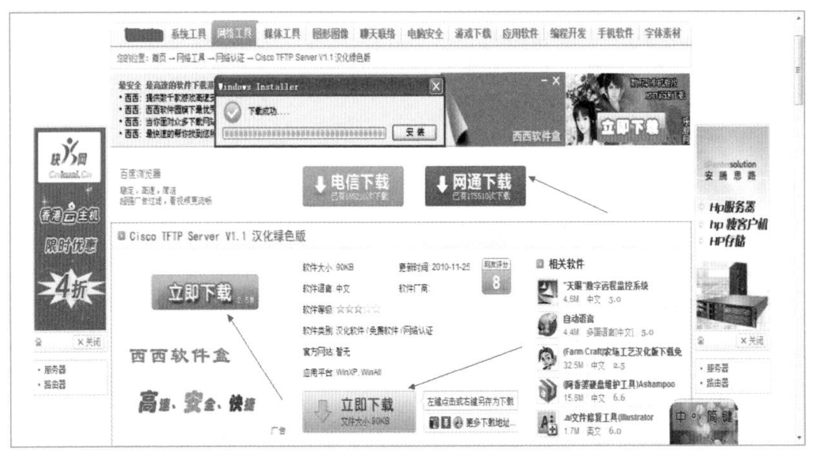

图 3-1　广告链接满天飞的网页

平时需要找软件时，笔者最常去的是华军软件园、天空下载、太平洋下载这类软件网站，它们也具有搜索功能，但是称其为软件发布平台更为合适。这类网站收录了当前各种热门、非热门软件的多种版本。如图 3-2 所示为华军软件园首页，如果需要什么软件只需“站内搜索”即可。

华军软件园网站地址：http://www.onlinedown.net/

图 3-2　华军软件园首页

天空下载网站地址：http://www.skycn.com/，图 3-3 为其首页。

太平洋下载网站地址：http://dl.pconline.com.cn/，图 3-4 为其首页。

图 3-3　天空下载首页

图 3-4　太平洋下载首页

下面，让我们以从华军软件园网站平台下载“PPTV 网络电视”软件为例，介绍日常应用软件的下载步骤。

1. 在浏览器中输入http://www.onlinedown.net或通过百度搜索进入华军软件园网站首页。

2. 如图3-5所示在网站的导航栏上点击“最新”或是“排行”，进入二级页面，从列表中查看是否有自己需要的软件。

3. 当然，我们也可以在软件搜索栏中填入要搜索的内容“PPTV网络电视”，如图3-6所示。

4. 点击【搜索】后会打开如图3-7所示的列表，在其中，我们能够找到多种版本，各个版本间存在一定的差异，一般我们只需查看人气即可知道哪个更受欢迎。

图3-5 从排行列表中查找所需软件

图3-6 直接输入关键词查找所需软件

提示

如果想知道某软件当前的最新版本，需要登录软件官方网站进行查询。

可以通过网页搜索引擎查询哪个版本更好一些，也可在用户论坛上查看版本的好坏。

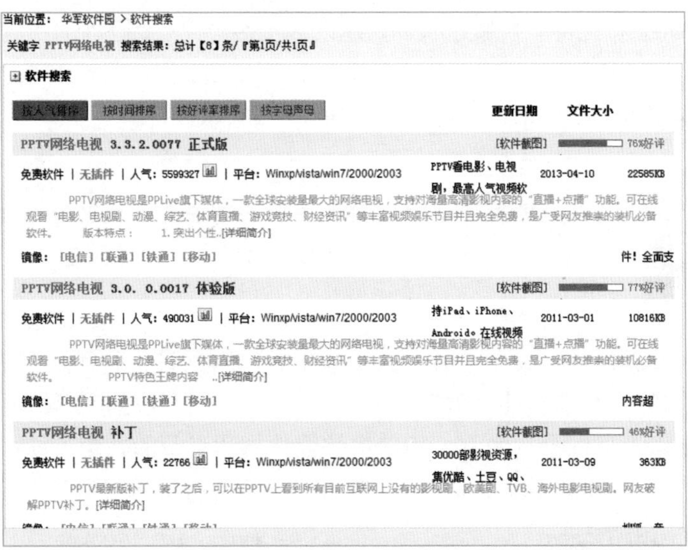

图3-7　搜索结果列表

5．进入软件单个页面后向下拉动滑块，如图3-8所示，即可发现多种下载方式，根据自己的网络连接状况选择下载方式。

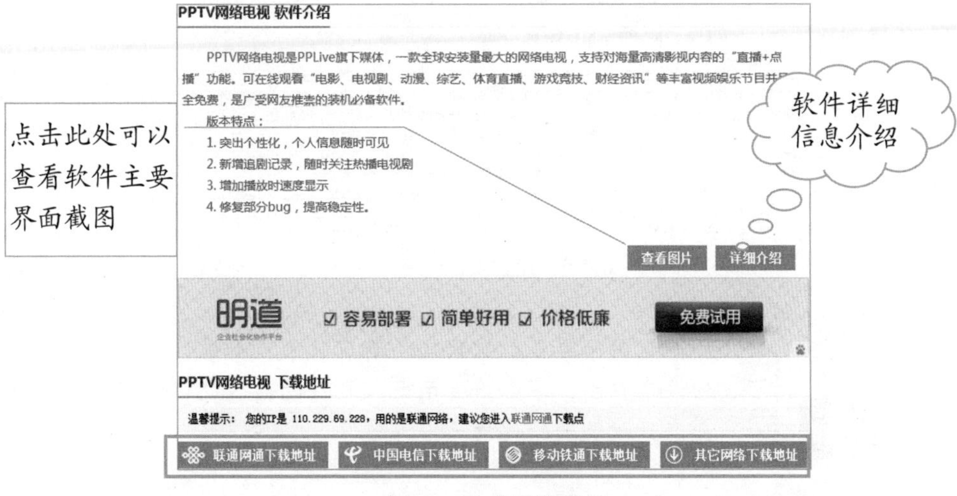

图3-8　软件下载页面

提示　一般选择和自己一样的网络即可，比如：如果用户使用的是北京网通 ADSL 网络，那么，在网通下载列表中选择离自己较近的地区下载即可。

6．如果你还未安装下载加速软件，建议你安装一个。因为它不但能使下载软件加速，还具有断点传输的功能。比如下载一个较大的软件，第一次没下完只需下次开机继续下载即可。常用的下载软件有迅雷、QQ旋风等。

提示 此类软件平台的软件并非全部安全，因为开放性比较强，个别存在内嵌病毒的情况，请注意查杀病毒。

如果说华军软件园、天空下载、太平洋下载等网站只是软件发布平台的话，那么“搜索软件吧”“海量软件搜索”引擎等则是真正的软件搜索引擎。

下面以搜索“小红伞”为例，简单讲解软件搜索引擎的使用方法：

1．键入 http://www.soft8.net/网址，打开如图 3-9 所示的搜索软件吧首页。

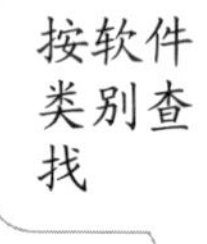

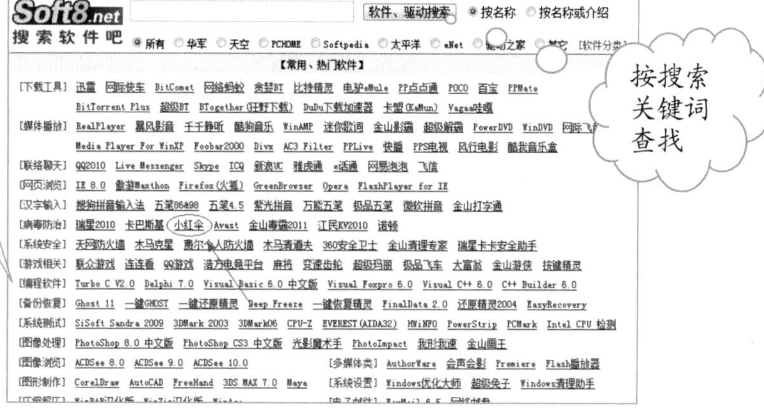

图3-9 搜索软件吧首页

提示 此网站对于大多数常用软件都有收录，如果你对于软件不熟悉，不知该使用哪款软件的话，也可以将此网站收录的软件作为推荐软件。

2．按分类找到准备下载的软件，本例中的小红伞，属于“病毒防治”类，点击“小红伞”链接。

3．如果在分类中没有所需软件，也可以在网站上方键入所需软件，这样还可以选择在哪些网站搜索。

4．进入图 3-10 所示页面，选择合适的版本。在每个链接下方都有来源网站，根据个人爱好选择，也可以将搜索范围压缩为某个网站，不过，这样的话相当于去

某个网站下载，使用搜索引擎意义不大。

5．点击相应页面找到链接下载即可。

图3-10 搜索结果页

提示 各大搜索引擎也可以完成类似任务，只需在“高级”里面的站内搜索，输入需要搜索的软件平台网站。

有些读者可能会抱怨，这么多版本，光凭人气未必能找到好软件，有些软件还有病毒，这可怎么办？

另外一种找软件的途径是论坛，这种方式的好处就是能够和网友交流。目前比较知名的论坛有：霏凡论坛（网址：http://bbs.crsky.com）、龙族论坛（网址：http://www.chinadforce.com）、番茄论坛（网址：http://bbs.tomatolei.com）等。虽然霏凡和番茄都有自己的软件下载平台，但是论坛中包含更多原始的内容和网友大量客观的评论。

提示 论坛虽好，但并不是所有时间都开放注册，即使开放注册也不过几小时，而且大量网友都在抢注，不过可以通过淘宝等平台去购买。

下面以搜索“WINAMP”为例，简单讲解如何使用番茄论坛：

1．登录网站，点击“搜索”，在关键词栏键入“WINAMP”，搜索范围选中“软

件下载交流”后点击【搜索】按钮。

2．弹出如图 3-11 所示列表，选择需要的版本。

3．打开如图 3-12 所示的帖子后查看软件功能及网友评论，如果满意，在第一帖中寻找下载链接，如不满意可返回到列表继续寻找。

图3-11　搜索“WinAmp”结果页

图3-12　查看具体帖子内容

提示

最新的版本往往都在此类论坛最先出现，论坛中很多牛人也会对软件修改、做补丁等，有些未必完善，但完全免费。

丰富精彩的游戏世界

图3-13 搜友游戏

游戏不是孩子们的专利，很多成年人也沉溺在这个世界中乐不思蜀。魔兽世界、仙剑奇侠、跑跑卡丁车、连连看，无论是网络游戏还是单机游戏、不论是RPG还是FIG，都是大家喜闻乐道的话题。那么网络上，哪里才是电脑游戏的家呢？

虽然新浪、网易等门户网站都包含搜索引擎，但这里还是重点介绍一下专精于游戏的网站，比如图3-13所示的搜友游戏、7K7K小游戏、17173、NO!YES! 游戏王国等。

图3-14所示为NO!YES! 游戏王国的首页，它是首个专门致力于游戏领域的中文搜索引擎。

网站地址：http://www.noyes.cn/

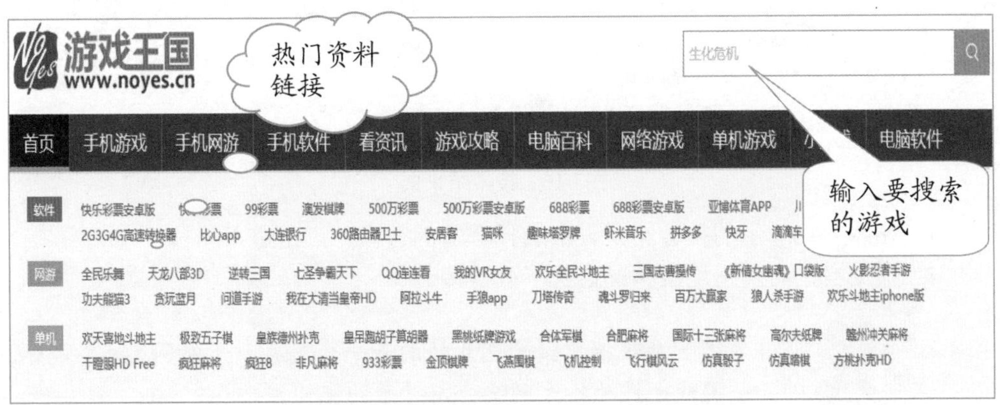

图3-14 NO!YES! 游戏王国首页

下面让我们来搜索魔兽争霸的地图文件。

1. 打开NO!YES! 游戏王国，查看热门游戏，如图3-15所示，各种各样的热门游戏映入你眼帘，虽然看着有些乱，但是相信游戏发烧友一看就能明白是哪些游戏。

单机游戏: 最新 角色扮演 战略战棋 动作射击 体育竞技 休闲益智 棋牌 经营养成 另类 街机格斗
网络游戏: 最新 盛大 腾讯QQ 久游 完美时空 金山 网易 发号机器人 网游测试表
在线游戏: 益智 格斗 体育 射击 冒险 另类 搞笑 策略 装扮 连连看 棋牌 敏捷 找茬 在线网游
游戏周边: 游戏视频 游戏工具 PC模拟器 常用软件
安卓游戏: 动作冒险 角色扮演 射击飞行 体育竞技 策略棋牌 休闲益智 安卓网游 安卓应用
+桌面快捷 | 设为首页 | 加入收藏 | 免责声明 | 建议意见 | 联系我们
noyes.cn 豫ICP备05003536号 © 2013

图3-15　热门游戏列表

如果“热门游戏”选项中没有你所期待的游戏的名字，请直接键入游戏名进行搜索。

2. 选择“魔兽争霸地图”，和搜索软件时类似，也会出现很多不同版本的链接，并在下面提供了相关资讯的链接。搜索结果如图3-16所示。

提示　游戏搜索引擎和软件搜索引擎类似，需要建立在游戏发布平台上，脱离了资源的搜索引擎只是个空架子。

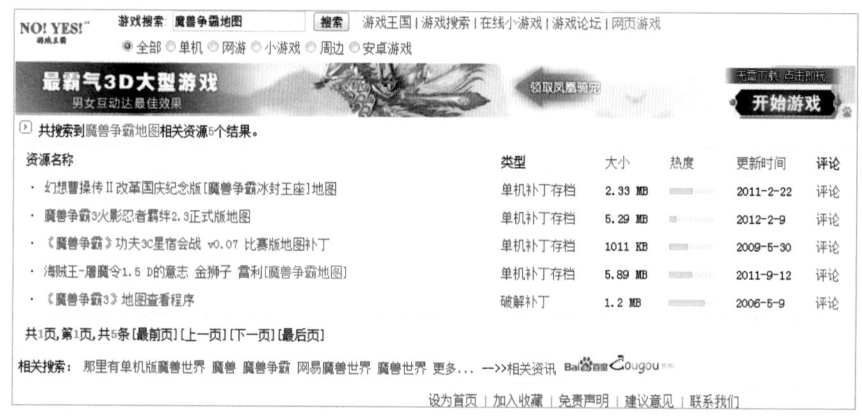

资源名称	类型	大小	热度	更新时间	评论
· 幻想曹操传Ⅱ改革国庆纪念版[魔兽争霸冰封王座]地图	单机补丁存档	2.33 MB		2011-2-22	评论
· 魔兽争霸3火影忍者羁绊2.3正式版地图	单机补丁存档	5.29 MB		2012-2-9	评论
· 《魔兽争霸》功夫3C星宿会战 v0.07 比赛版地图补丁	单机补丁存档	1011 KB		2009-5-30	评论
· 海贼王-屠魔令1.5 D的意志 金狮子 雷利[魔兽争霸地图]	单机补丁存档	5.89 MB		2011-9-12	评论
· 《魔兽争霸3》地图查看程序	破解补丁	1.2 MB		2006-5-9	评论

图3-16　搜索结果页

3. 在图3-16所示的搜索结果页中选择合适的链接，点击进入。

4. 根据自己的网络连接状况选择下载链接。

提示　很多游戏搜索引擎也开始向着平台发展，开发网络游戏也成为各大网络公司必争的肥肉。

大多数知名度高的游戏都会有相关的网站，比如游久网（网址：http://www.uuu9.com/），就是魔兽地图最主要的下载途径，如果你常去游戏平台玩魔兽的话，会发现很多地图都印有U9的LOGO，图3-17为U9网站的首页。

图3-17　U9网站首页

跑跑卡丁车作为一款网络休闲游戏，让越来越多的人喜爱上了休闲游戏，玩家们共同享受着跑跑卡丁车带来的快乐。跑跑卡丁车的游戏理念是“让游戏创造快乐”，这也使它成为了全国的时尚流行风，同时跑跑卡丁车还以其出色的品质，营造出了一流的竞技氛围，成为一款面向多年龄段玩家群体满足不同层次玩家游戏需求的全民网游。

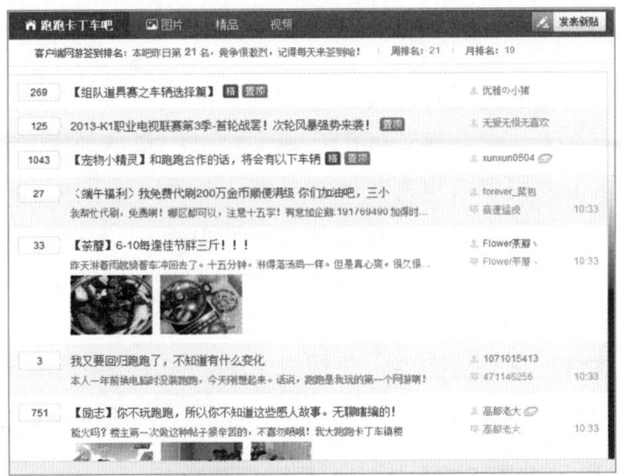

图3-18　跑跑卡丁车贴吧

跑跑卡丁车贴吧，如图3-18所示，为各位游戏玩家提供了很好的交流和学习的场所，在该网站上，大家不仅可以学习到最基本的跑跑卡丁车技术，每个图的最优化跑法，还可以领略到当前最顶级的跑跑卡丁车玩家是怎么实现纪录突破的。跑跑卡丁车贴吧的网站地址为：http://tieba.baidu.com/f?kw =%C5%DC%C5%DC%BF%A8%B6%A1%B3%B5，或者用百度直接搜索也可以。

提示　每个成功的游戏背后，都有与其相关的网站来提供该游戏交流和学习的平台。跑跑卡丁车，作为一款成功的休闲游戏，正是由于有很多相关的网站大力支持和推广的结果。

图3-19　跑跑卡丁车贴吧的帖子

如图3-19所示，进入贴吧后，你可以看到最新的跑跑卡丁车视频录像，每个赛道的快速入口，每个赛道的排名情况，还有一些关于个人和车队的信息,各个帖子都是游戏爱好者的精心回答。

精美图片，美妙绝伦

美丽的图片让人享受，感人的图片令人深思，搞笑的图片给人欢乐，宏伟的图片令人感叹，惊险的图片给人刺激，精妙的图片让人赞叹。图片能给人们的东西太多了，很多人也喜欢欣赏美图。那么，我们要到何处去寻找需要的图片呢？

搜索引擎永远是寻找资源的首选，图片搜索也不例外，以寻找一张图片作为桌面为例。首先要选择搜索引擎的图片栏，输入关键词。如图3-20、图3-21所示，在Baidu和Google中分别输入关键词“风景”，当然也可以输入桌面、卡通、美女等其他希望寻找的内容。在搜索结果页面中会显示缩略图，点击显示大图。

图3-20　在百度中搜索“风景”

图3-21　在谷歌中搜索“风景”

提示 每张图片下面都有相关图片信息，主要包含名字、分辨率、来源网址等。如果寻找桌面图片的话，必须考虑图片大小以符合显示器分辨率。

搜索引擎搜索到的图片从哪里来？就像软件、游戏一样，同样需要有大量提供图片资源的平台，有了好的图片才能通过搜索引擎找到。

有这么一种网站，专门提供各种各样的图片资源，称之为图库。图库也分很多种，比如桌面图片、美女图片、风景图片等，当然也有一些专业性很强的图库，比如网站制作图库、建筑图库、图标图库等等，为工程项目提供了方便。

图库网主要提供各种各样的壁纸，网址为：http://www.tuku.cn/。如图3-22所示，上侧为各种分类图片列表及收藏此类图片数量，下侧为图片缩略图及说明，点击进入分类可以在此分类中找到所需。

图3-22 图库网

图3-23所示是蚂蚁图库，主要提供网站设计资源，其网址为：http://www.mypsd.com.cn/。此网站提供了大量的矢量图、LOGO、ICON图标、网站截图等，为网站设计提供方便。

图库类网站很多，我们无法一一进行介绍，请读者通过网页搜索引擎寻找最适合自己的图库，也可在知名论坛寻求其他网友分享的图片资源。如果使用他人图片用于商业营利的目的，一定要事先取得版权拥有者的同意，要合法使用。

图3-23　蚂蚁图库

素材类图库网站本身局限性比较大，更多的是为某一专业服务，或是纯欣赏。很多网站提供图片服务，里面更多的内容是图片配合文字，而不仅仅是单纯的美图。有搞笑的，有明星逸事，有社会动向，涉及范围十分广泛。

图3-24　奇虎图片网

提供此项服务的网站比较多，包括新浪、搜狐、QQ等很多网站，不同网站的图片版块也各具特色。

如图3-24所示的奇虎图片网主打的是娱乐、摄影、自拍、写真类幻灯内容。如果你想放松一下，可以选择奇虎网站。

网站地址：http://pic.hao123.com/

因为在news域名下，猫扑图片通过网址乍看上去似乎与新闻联系得更紧密，不过，如图3-25所示，它是一个更加综合的图片网。猫扑图片也在猫扑的威名下茁壮

成长，吸引了更多非主流的网民。

网站地址：http://pic.mop.com/

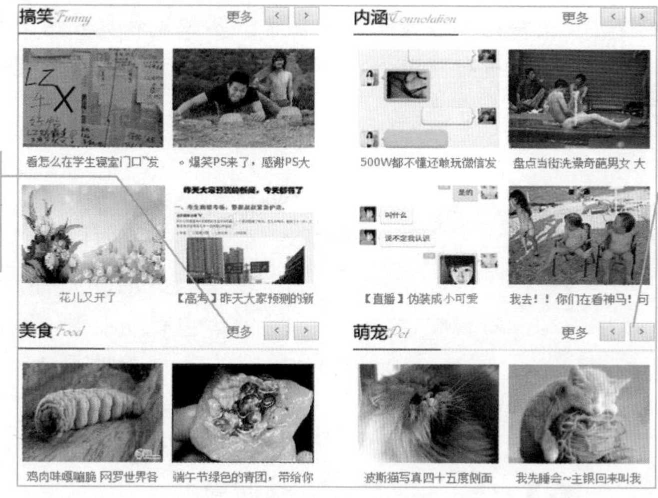

图3-25　猫扑图片

提示

虽然猫扑已转型做门户网站，但似乎还不能称之为主流，但其庞大且固定的用户群为其带来了很大的影响力。

可能有的读者会认为笔者推荐的网站甚至门户网站或多或少掺杂着一些不和谐的成分，这是笔者所不能决定的事情，不过可以推荐你到一些校园论坛的图片专区去转一转，这里相对来说更加单纯。至于一些钓鱼网站，抓住使用图片者大告侵权的状况，一方面我们要养成合法使用图片的习惯，另一方面应该远离这样的图片库，以减少甚至避免不必要的麻烦。

【顶级车赏】劳斯莱斯银色幽灵　（12）NEW	包子 2007-9-9	10	101
【蘑菇站】蘑菇点点9月星座　（12）NEW	包子 2007-9-9	10	49
【顶级车赏】Lamborghini Murciélago NEW	包子 2007-9-9	7	27
【顶级车赏】道奇 大公羊　（12）NEW	包子 2007-9-9	11	66
【顶级车赏】超酷08款捷豹S-Type NEW	包子 2007-9-9	9	47
【推荐】N多宽屏壁纸　（12）NEW	Tsipporah 2007-9-9	16	200
看看我的FM2007之王者米兰【原创】　（12）NEW	acmfanlover 2007-9-9	16	195
这就是陪你走过一生的人~　（123456..7）NEW	yuyeying 2007-9-1	69	2207
【倾情推荐】痒痒的画~~　（1234）NEW	春栗 2007-9-9	33	657
人性最赞的经典瞬间　（123）NEW	新子时 2007-9-9	20	768

图3-26　高校论坛的图片版块

图3-26所示为某高校论坛的图片版块，发表在论坛的图片更多的是系列图片或

是抢人眼球的图片，较正规的论坛会在标题标出更多图片信息，如图片数量等。

提示 图片论坛最大的优势在于：不但能和更多的图片爱好者进行交流，也可以把自己珍藏的图片发表出来给别人分享。

图3-27 使用百度搜索QQ表情

当即时聊天工具风靡网络的时候，聊天表情自然成了聊天交友的谈资。好的QQ表情可以逗别人开心，也有助于生动地表情达意，甚至有人能将明星的表情和QQ默认表情联系到一块，境界最高的则是能在现实中以某个QQ表情来作鬼脸。

这样一种重要的图片资源怎么能够不介绍呢？通过Baidu、Google你就可以找到很多有关于QQ表情下载的链接，如图3-27所示。

提示 不仅仅QQ，MSN等其他即时聊天工具也有表情下载，只是没有QQ表情这么红火。相信随着MSN的用户逐渐增多，其扩展服务也会进一步地完善。

及时、快捷的网络新闻

中国人在闲暇无事的时候喜欢读读报，看看新闻，了解一些天下大事。虽然无意跟报纸争夺市场份额，不过自从有了网络，人们得到了更方便快捷的获取新闻的方式。报纸最快的只能一天一张，电视也只在定点播出新闻，而网络作为一种可以

实时更新的媒体，和新闻的实时性不谋而合，因此，网络自然成为新闻界的重要传播方式。

各大门户网站自有其新闻中心，图3-28为新浪新闻，全面地报道新闻，将滚动条向下拉，可以通过更多分类找到所需新闻。

如果你喜欢体育的话可以点击其体育版块，图3-29为新浪体育，它专门报道体育类新闻。在体育版块中还根据各种热门项目进行了分类。

图3-28　新浪新闻中心

图3-29　新浪体育

如果，你对某一方面非常感兴趣，那么你可以登录与之相关的专业网站。所谓专业网站，就是可以看到更全面的新闻，更多的细节，还可以结交许多与你有共同爱好的朋友，可以交流、讨论，共同学习，共同进步。

例如，你对军事很感兴趣，那么你可以登录环球新军事网，如图3-30所示。在那里你可以看到目前世界各国最先进的武器和军事战略战术，以及世界各国与中国之间密切相关的军事信息。同时，该网站还提供了讨论学习的平台，大家可以尽情地发表各自对军事的看法。

图3-30　环球新军事网

环球新军事网：http://www.xinjunshi.com/Index.html

提示　新闻使大家紧跟时代步伐，网络则为大家插上了飞翔的翅膀。

如果你对经济很感兴趣，那么你可以登录诸如中国经济网之类的专业网站，该网站是以经济报道和经济信息传播为主的新型网络媒体，内容包括国内经济要闻、商业数据、地区经济发展、经济评论、行业经济等栏目。在该网站，你可以及时地浏览到最新的经济动态，也能及时地捕捉商机，帮你赚money（钱）了。图3-31是中国经济网，其网址为：http://www.ce.cn/。

图3-31　中国经济网

提示　各大门户网站为大家提供了最新的新闻实事，而专业网站则能为大家提供更全面、更多、更有针对性的新闻细节。

如果说新浪是民办企业，新华网则是国有企业，新华网归新华社所有，其内容方面自然是更加官方、政治性的新闻比较多。如果你希望了解国家动态，了解政策性的新闻请你在新华网或人民网等网站上寻找信息，图3-32是新华网时政栏目页面。

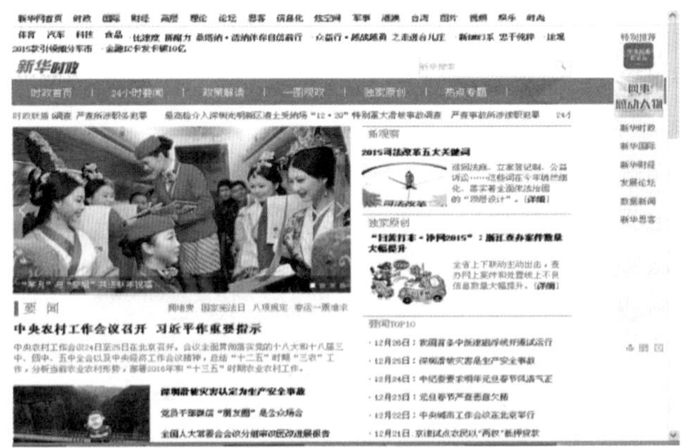

图3-32　新华网时政栏目页面

新华网地址：http://www.xinhuanet.com/

人民网：http://www.people.com.cn/

提示 政府很多部门都建立有自己的网站，如果要查找指定部门相关的新闻动态，请到其官方网站查询。

很多报纸都有网络版，方便读者在网络上读报。如图3-33所示为体坛周报的网络版（网站地址：http://www.titan24.com/），可以直接点击相关版块阅读，也可以点击右侧链接进入相关页面。

图3-34所示为“体坛E版”首页。网站地址：http:// e.titan24.com/

图3-33　体坛周报网络版首页

图3-34　体坛E版首页

报纸和网络并不矛盾，不存在谁抢占谁市场的说法，二者都是平台，都是为读者服务。报社也是为了适应时代潮流让报纸直接上了网络，让读者免费阅读。一些网站也直接从报社寻找资源，或者与报社合作，毕竟平台是次要的，新闻才是最主要的。

不仅仅报纸上了网络，杂志电子版同样出现在网站上，图3-35为Voyage新旅行杂志电子版浏览页面。

图3-35　Voyage新旅行杂志电子版

足不出户成为网购达人

消费类电子产品充斥了人们的生活，每个人身边都有这样或那样的电子产品。手机、数码相机、数码摄像机、笔记本电脑等等。

如果想买一台电脑，或一部手机该怎么去选择呢？直接去店里挑？就怕不懂被黑，那可怎么办？不用担心，现在就教教你怎么挑选。

友人网在手机玩家的眼里地位非凡，这是一个以讨论技术为主题的网站，同时具有手机查询功能。友人网包含了大量的指导性文章，从选机、购买、耍机、可玩性等多方面进行介绍，增加了手机的可玩性，图3-36为友人网主页。

图3-36　友人网主页

提示　在友人网发表文章，帮别人解答问题都能得到代表荣誉的小花，根据小花数量来分段位，笔者就曾经发表过一篇获得33枚小花的文章，算得上高分了。

网站地址：http://www.younet.com

在友人网【手机大全】的【选机中心】里，可以通过很多途径寻找你所需要的手机款式，如个性化选机、高评选机、自助选机等。

为了找到更符合你要求的手机，可在【选机中心】最下端页面点击【高级搜索】，进入如图3-37所示高级界面。从网络类型、价格等级、品牌等多种参数完全自由定制。同样地，你也可以在中关村在线上，去寻找你所需要的手机。

图3-37　友人网选机中心

选择电脑，同样需要经过精挑细选，才能选择到一款适合你的电脑。在如图3-38所示的中关村在线网站上，你可以用任何你所关心的侧重点来选择心仪的电脑。例如，你可以就不同品牌、不同价位、不同配置甚至不同重量，来选择你心中理想的台式电脑或笔记本，如图3-39所示。在中关村在线上，你可以通过行情界面链接到报价界面，通过比较各大商场的报价，来做出正确合理的消费选择。

中关村在线网站地址：http://www.zol.com.cn

图3-38　中关村在线首页

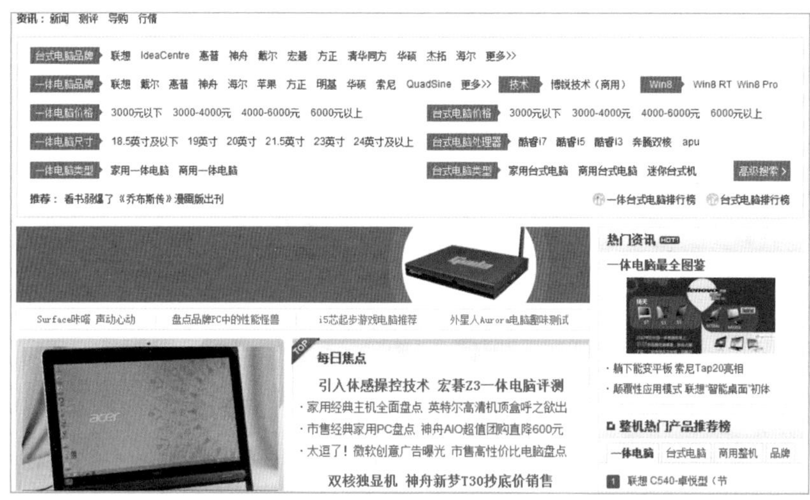

图3-39 设置搜索条件

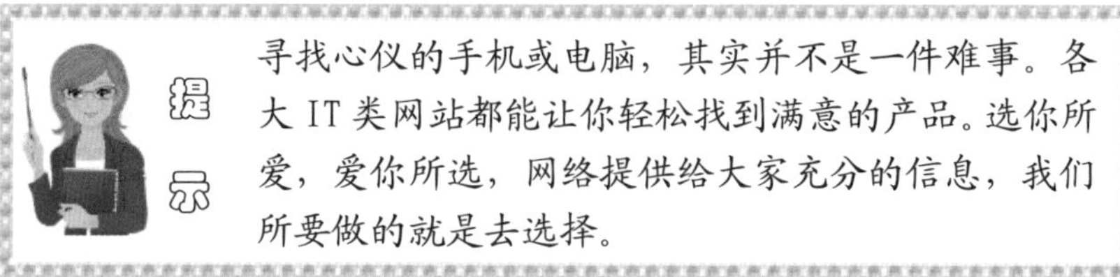

提示

寻找心仪的手机或电脑，其实并不是一件难事。各大IT类网站都能让你轻松找到满意的产品。选你所爱，爱你所选，网络提供给大家充分的信息，我们所要做的就是去选择。

DIY是“Do It Yourself”的英文缩写，意思是按自己的想法自己做，DIY的概念来源于自己组装电脑，同时也存在于人们生活中的方方面面，如自己做衣服、自助餐等。

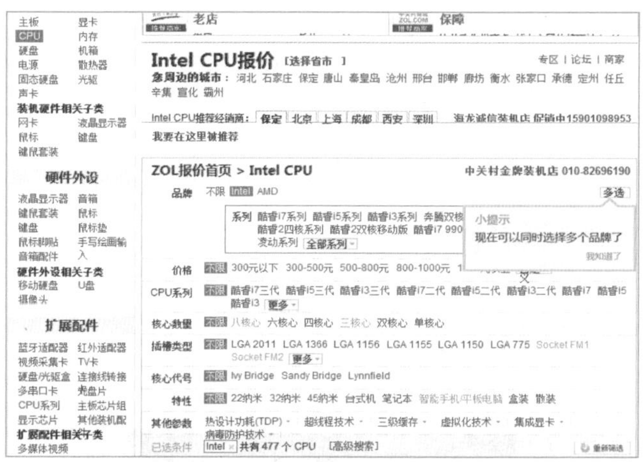

图3-40 DIY配件

自己组装电脑，自己使用，能使大家在使用电脑时有成就感。也正因为如此，DIY受到越来越多的人喜欢。基于此，很多IT类网站都陈列了各种配件以供大家查询，方便大家选择。以图3-40中关村在线DIY配件为例，在该网站的电脑硬件一栏，我们可以看到最新的DIY配件行情，你可以点击任何一个DIY配件，连接到它的专区，网站会给你提供各个品牌、不同价格的各种配件，任你挑选。网站还提供了装机方案、装机综述，为大家提供技术支持，同时，

各个配件的价格、质量还可以通过网友评论得知别人的使用情况。

提示　DIY 早已不是一个新鲜词，笔者最初听说的时候只是应用在电脑装机上，但是现在汽车都能 DIY 了。

图3-41显示的模拟装机平台，是专门为DIY爱好者准备的，可以通过网站直接按自己的想法装一台机器，也可将自己辛辛苦苦的劳动成果保存下来。如果你对装机不熟悉，不要紧，看看其他网友的方案吧，选一些价位合适、口碑好的方案，一定没错的，这里的网友很多都是高手。

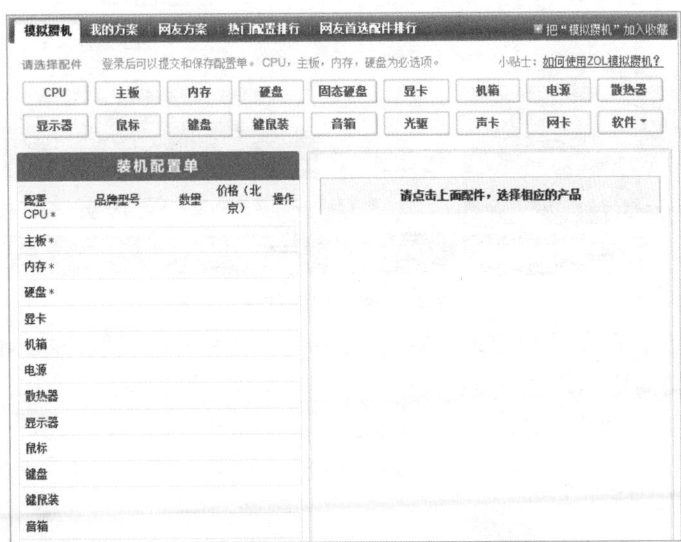

图3-41　模拟装机

提示　网络互动平台是非常重要的，即使像笔者这样的装机老手好久不接触也会生疏，所以一定要充分查资料，以便知道各个配件的性能好坏，价格高低。

找工作、选职位、投简历，一站全实现

毕业生创新高、跳槽者络绎不绝。现代社会早已经过了一辈子呆在一个单位的生活，也许跳来跳去才能体现自己的价值，也许跳来跳去才能得到更好的薪金收入。

图3-42　智联招聘首页

招聘会的年代已经离我们越来越远，即使有好的招聘会很多都是面对学校内部的，很多公司已经将招聘搬到网上，通过网络筛选会更加快捷。

很多公司都将招聘的海选过程交给了招聘网站，比较大型的招聘网站很多，如图3-42所示的智联招聘、图3-43所示的前程无忧网。这些网站的基本流程都很类似，基本的流程是：注册信息→填写简历→寻找公司→投简历→等待面试。网站地址：

智联招聘：http://www.zhaopin.com/

前程无忧：http://www.51job.com/

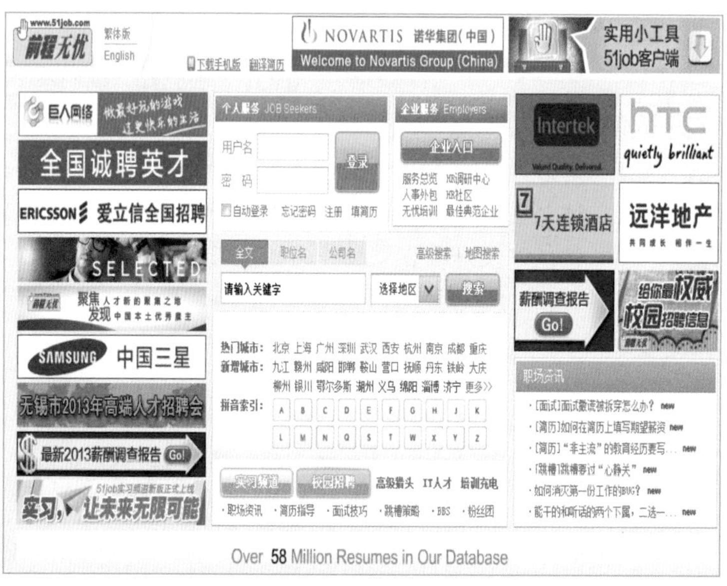

图 3-43　前程无忧首页

提示　网络招聘的普及面越来越大，目前接受纸投简历的单位、公司越来越少，所以找工作的重点还是放在网投上。

或许是不相信招聘网站，或许为了更加严格地把关，很多大公司都将招聘过程放在自己的网站上。通过填写简历、限时答题等方式得到应聘者的信息。特别是一些知名外企，几乎都是使用这种方式招聘，即使在招聘网站上有本公司的宣传，大多也只是一个广告，直接链接到本公司招聘网站。如图3-44所示为戴尔公司的校园招聘主页，几乎每年都是由戴尔掀开校园招聘的第一页。

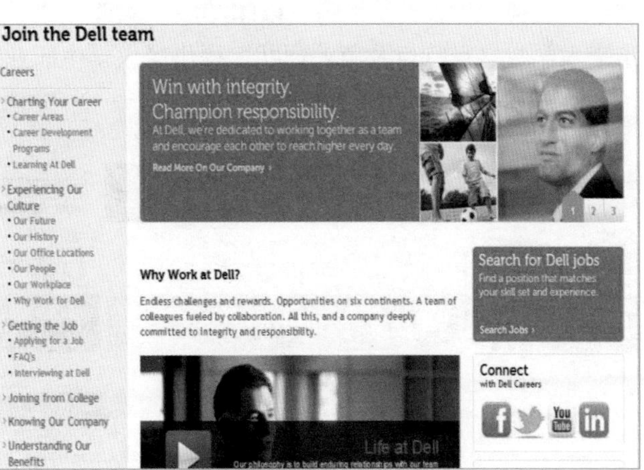

图3-44　戴尔公司校园招聘主页

面对这些世界知名的外企，具备一定的英语基础是每个应聘者所应该具备的。图3-44是戴尔公司官方网站的【职业生涯】网页，【获取工作（Getting the Job）】下面就是每位申请者的入门通道，点击【Applying for a job】，你就可以填写简历、参加应聘了。

首页　校园招聘　社会招聘　预开发　海外招聘　走近一汽-大众　联系我们　　登录 | 注册 | 找回密码

2013年社会招聘：职位列表　招聘流程　社招公告　我的简历　我的通知

所属机构　职位分类　工作地点　查询

职位名称	截止时间	职位分类	所属机构	工作地点
材料技术工程师【应用化学】	2013-12-31	质保类	一汽-大众本部	长春
材料技术工程师【内饰纺织】	2013-12-31	质保类	一汽-大众本部	长春
材料技术工程师【橡塑化工】	2013-12-31	质保类	一汽-大众本部	长春
技术准备工程师（成都）	2013-12-31	生产类	一汽-大众本部	成都
预批量控制工程师（成都）	2013-12-31	生产类	一汽-大众本部	成都
技术准备工程师（佛山）	2013-12-31	生产类	一汽-大众本部	佛山
预批量控制工程师（佛山）	2013-12-31	生产类	一汽-大众本部	佛山
规划工程师【冲压工艺】	2013-12-31	规划类	一汽-大众本部	长春
规划工程师【材料】	2013-12-31	规划类	一汽-大众本部	长春
公共关系员（成都）	2013-12-31	管理类	成都分公司	成都
工业工程师（长春）	2013-12-31	管理类	一汽-大众本部	长春
核算分析员	2013-12-31	财务类	一汽-大众本部	长春
财务分析员	2013-12-31	财务类	一汽-大众本部	长春
会计（长春）	2013-12-31	财务类	一汽-大众本部	长春

图3-45　一汽大众社会招聘页

有些知名公司，对应聘者要求很严格，例如一汽大众公司，登录该公司的官方网站之后，你会在【招聘】一栏里面看到一汽大众公司面对2013届大学生的招聘信息，如图3-45所示。对应聘者资格的高要求会使很大一批人望而却步，然而如果你对汽车感兴趣、如果你有足够的实力，这些要求并不会阻碍你应聘成功的。

提示　能力是决定未来职业道路能否成功的关键。这些专业要求并不会阻挡你的成功步伐。

招聘网站发展到今天，已经不仅仅只是提供招聘和应聘信息，还提供了诸如简历制作、应聘技巧咨询等服务。以HiAll——大学生求职培训网站为例，该网站针对近几年来大学生自身特点及就业现状，提供了大学生职业规划、求职培训课程，引导求职人专业的求职意识，提供求职人在求职领域所需要的各项专业技能，并且有专业求职导师现场解答求职领域的疑难与困惑，力求让更多的大学生找到合适他们的行业位置。图3-46是HiAll——某大学生求职培训的论坛，其网址为：http://www.hiall.com.cn/

图3-46　HiAll主页

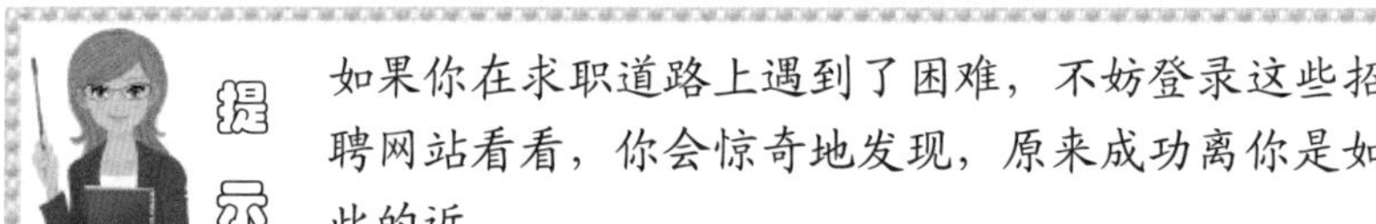

提示　如果你在求职道路上遇到了困难，不妨登录这些招聘网站看看，你会惊奇地发现，原来成功离你是如此的近。

很多高校都有招聘网站，自然有充足的招聘信息，而且这些公司会更加倾向于该校学生。比如石油系统的公司倾向于石油大学的学生，国防系统的公司倾向于北理工、北航的学生，金融系统的公司倾向于中财、对外经贸的学生。

论坛作为信息发布平台自然也存在着大量的招聘信息，如图3-47所示为ChinaUnix的招聘版。依次选择【论坛】|【综合交流区】|【IT职业生涯】|【猎头招聘】即可进入图3-47页面，根据个人需求选择分类板块，在此还可以知道其他朋友的应聘情况。

全部 | 创业 | 职业生涯 | 招聘 | 求职 | 猎头 |

类型	主题: 全部 精华 投票 悬赏 活动 | 时间: 一天 两天 周 月 季 | 热门 | 版块更新	作者/时间	回复	查看	最后发表
	[通告]: ISC 2013 国际大学生超算竞赛冠军下注竞猜啦~! （下注得鼠标！） 2013/06/17 11:25:03 ... 2 3 4	send_linux 2013-06-04	35	2715	千年老狼 2013-06-10 11:47
	[通告]: 【话题讨论】Mysql的数据库，大家是如何迁移到Oracle的? ... 2	arron刘 2013-06-08	19	1071	qingduo04 2013-06-10 07:48
	[通告]: 今日拍卖的为"white sierra 户外多功能单肩包"赶快来出价吧~ ... 2	风铃之音 2013-06-08	12	678	zooyo 2013-06-09 23:09
	[通告]: 2013第五届中国系统架构师大会，欢迎您的参与！（9月4日-6日）	send_linux 2013-06-08	6	556	wenhq 2013-06-09 14:05
	[通告]: 【话题讨论】三种类型的重复数据删除技术的优劣比较 ... 2 3	arron刘 2013-06-03	26	3414	qingduo04 2013-06-09 11:15
	[通告]: 积声誉，赢大奖！积极参与问答赢Ipad mini! ... 2 3	send_linux 2013-06-06	28	2170	GB_juno 2013-06-08 19:17
	[公告]: 阿里巴巴招聘--云邮箱运维人员	cuci 2013-06-05	9	526	sjw919 2013-06-08 14:42
	[招聘] IBM招聘实习生（至少6个月）New	huachenzhaopin 2013-06-09	0	77	huachenzhaopin 2013-06-09 22:42
	广州招聘HPUX管理员1位 New	旷野的呼唤 2013-06-09	1	62	xinxinli123 2013-06-09 21:47
	[招聘] 上海招聘运维工程师 工作年限不限 待遇8K-1W 有兴趣就试试吧	jiatuer 2013-05-29	7	334	jiatuer 2013-06-09 21:18
	[招聘] 上海知名互联网公司-招高级数据分析经理、数据挖掘算法工程师！ ... 2	renren5888 2013-05-31	11	156	renren5888 2013-06-09 21:09
	[招聘] 上海互联网公司-安居客招PHP开发工程师-2-3年经验（7-10K）-上海陆家嘴 ... 2	renren5888 2013-05-31	10	101	renren5888 2013-06-09 21:08
	[猎头] 上海互联网公司-安居客招PHP开发工程师-2-3年经验（7-10K）-上海陆家嘴 ... 2	renren5888 2013-05-30	12	133	renren5888 2013-06-09 21:08

图3-47　ChinaUnix招聘版块

提示　无论通过何种方式找工作都是一种形式而已，能够得到应聘还是需要自身条件的完善。

美妙音乐，想听就听

图3-48　百度音乐

网络是一个大仓库，音乐是这个大仓库中非常重要的一员。虽然一直说网络音乐将实行收费制度，不过显然在短时间内不可能完全实施。

歌曲的资源可以说到处都是，最常用的恐怕就是直接从百度搜索了，方法十分简单，只要输入歌曲名搜索就行了。如图3-48所示，百度还将歌曲分类，

方便用户。

每次从Web网站上下载音乐的时候，都要打开浏览器，并重复那几个步骤，才能够找到所需要下载的歌曲，是不是很麻烦？图3-49所示的“百度音乐批量下载”小软件为大家解决了这个头痛的问题，使用这个软件可以快速方便地批量下载来自百度的搜索结果。软件下载地址为：http://www.onlinedown.net/soft/56111.htm。

图3-49　百度MP3批量下载器

提示　开始使用的时候会有一定延迟，因为要下载最新列表。不过并不会让我们等很久，至少比打开网页方便许多。

酷狗音乐作为最早的音乐搜索软件，主要提供在线文件交互传输服务和互联网通讯，采用了P2P的先进构架设计研发，目前此类软件中，几乎没有其他软件可以撼动酷狗的地位。图3-50所示为酷狗音乐的软件下载页面。下载地址为：http://download.kugou.com/

图3-50　酷狗音乐下载页面

使用方法如下：

1. 在使用酷狗之前，必须先注册才能使用。注册方式很简单，图3-51为其注册界面，看起来是不是很眼熟？非常类似QQ之类的软件。

提示 酷狗不仅仅是一个搜歌工具，更是一个音乐播放平台。酷狗自带播放器，不用其他软件帮忙即可听歌。

2. 注册账号后登录软件，在“音乐搜索”的位置填入要搜索的歌曲，点击“搜索”或直接按回车即可搜歌，在如图3-52所示主界面的位置会出现搜到的歌曲，除了名字还有歌曲的格式、大小、下载速度等信息。

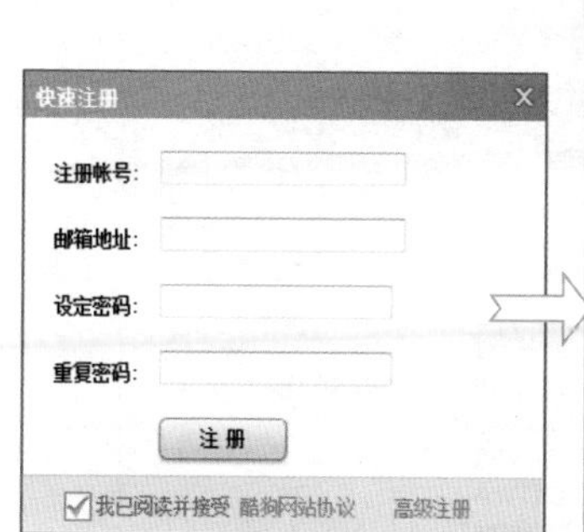

图3-51 注册页面

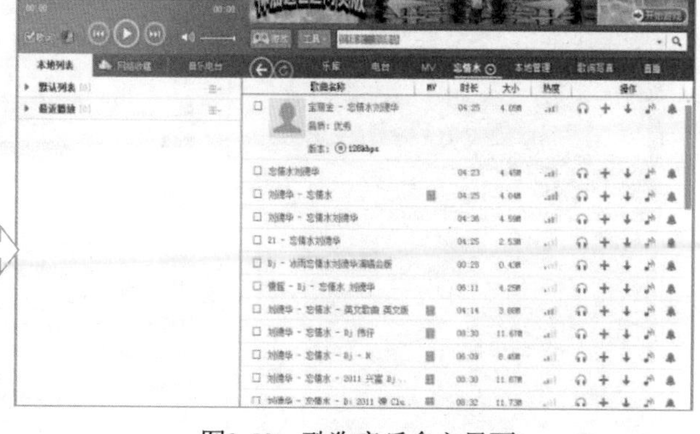

图3-52 酷狗音乐盒主界面

提示 娱乐主页每天会提供大量最新的娱乐资讯、最新大碟、流行动态等。KuGoo 同时还带有聊天功能，便于和喜欢音乐的网友及时交流。

3. 双击或点击右侧的下载箭头即可下载歌曲；如果不想下载也可以先“试听”一下，然后再决定是否下载。

提示 由于大量音乐是从音乐网站中下载而来，网站为了宣传在音乐显示中加入自己的广告信息也正常，如不喜欢可以自己编辑去除。

记得以前听WalkMan的时候，总爱拿着歌词本，边听边学，如今到了信息时代，这些功能全集成到一起了，而且通过很多途径都能实现。千千静听这款国产音乐播放器目前就很受欢迎，如图3-53所示，其自带歌词下载功能。

在播放歌曲的时候千千静听可以自动下载歌词，但有时候会出现“未能在服务器上找到歌词”的提示，这是什么原因呢？

千千静听是根据歌曲名称来搜索歌词的，而我们在一些网站上下载的歌曲的文件信息已经被修改，右键点击歌曲选择【文件属性】。其标题可能被添加了多余信息，一些真实信息也已经被修改，只需将多余信息删除，点击【保存到文件】即可。

不需要一直连接网络才能显示歌词，选择【选项】|【歌词搜索】，将图3-54所示选项选定，再把每首歌播放一遍，歌词文件就自动下载到本地计算机，那么没有网络连接的情况下也能够显示歌词了。根据个人爱好选择歌词保存路径，笔者习惯将所有歌词保存在同一文件夹里，这样不会让歌曲文件夹太乱。

图3-53　千千静听

图3-54　千千静听选项窗口

提示　不同软件的歌词搜索路径不同，有一些软件的搜索存在优先顺序，并在其设置里可以更改。

歌词显示的功能，千千静听软件本身就能够实现，那如果不喜欢偏偏要使用别的软件听歌又要歌词显示怎么办呢？很多软件装上插件都能够实现歌词显示的功能，比如WINAMP、Foorbar都能够实现此功能。

乐辞歌词是一款专门针对WINAMP、Windows Media Player 和 Foobar2000三款软件开发的歌词插件。安装过程会出现如图3-55所示的提示，将几项全部选中，乐辞就会对上述3种软件全部支持。下载地址：

http:// www.winampcn.com/

当启动WINAMP时，会自动跳出歌词面板，图3-56是笔者调整后的面板图样，各位读者可以根据自己的喜好进行调整。同前文所示，我们可以通过【选项】|【参数设置】以及快捷键“Ctrl+P”来打开参数面板，设置插件属性。

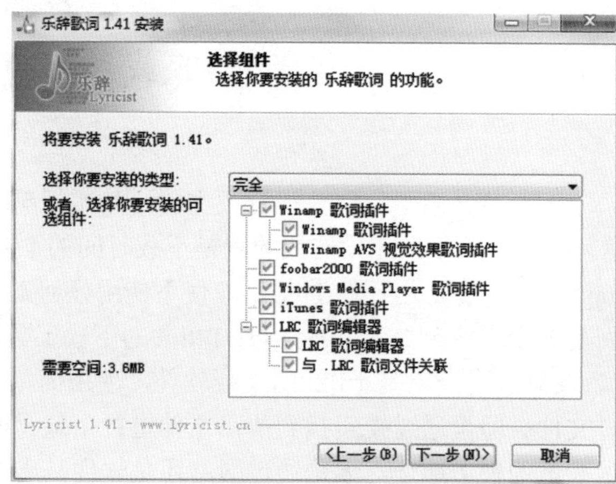

图3-55　乐辞歌词安装向导

提示　WINAMP 的面板位置可自行调整，也可以把不喜欢的或不常用的面板直接删除。

WMP使用起来同样非常方便，安装插件后打开任意音乐就可以自动下载歌词，在原来“可视化效果”的位置显示歌词。

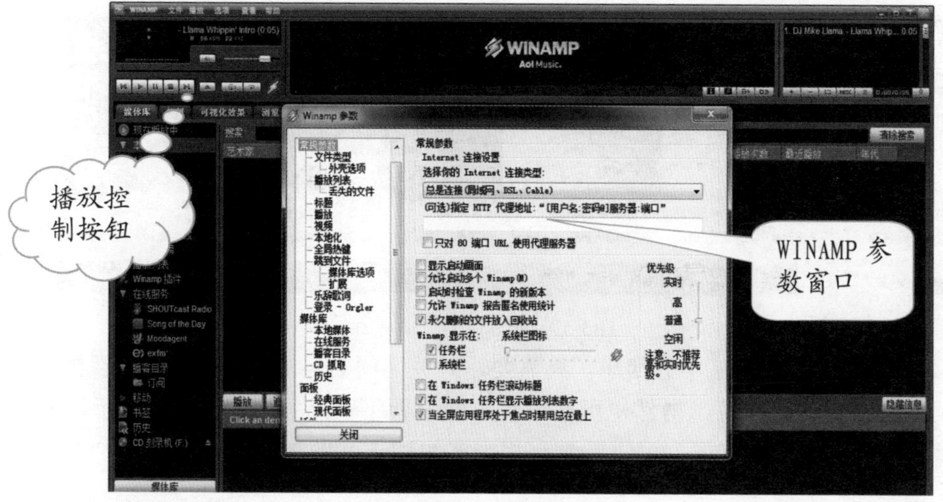

图3-56　WINAMP界面

影音下载，信手拈来

上一节介绍了如何获得音频文件，其实视频文件和音频文件的区别主要是文件大小。文件大小的差异造成的就是下载时间的不同，因此需要选择不同的下载方式。mp3文件一般最大不超过6M，即使不使用任何工具也可以很快下载，而视频文件特别是电影文件至少上百兆，与BT相关的下载工具在此用处更大。

eMule是一款基于P2P的下载软件，使用简单方便，只需要设置好下载目录和临时文件夹即可通过搜索找到所需文件进行下载。如图3-57所示，VeryCD的网站提供了大量的种子地址，无论通过网站还是软件基本都能得到我们所需的资源。

下载地址为：http://www.emule.org.cn/download/。

图3-57　电驴大全

“电驴”的使用方法十分简单，只需要输入关键词后点击“搜索”即出现搜索结果页面，双击下载即可，当然也可在设置页面设置下载路径。如图3-58所示笔者搜索《越狱第二季》的情况，可以看到有相当多的种子可供我们下载。

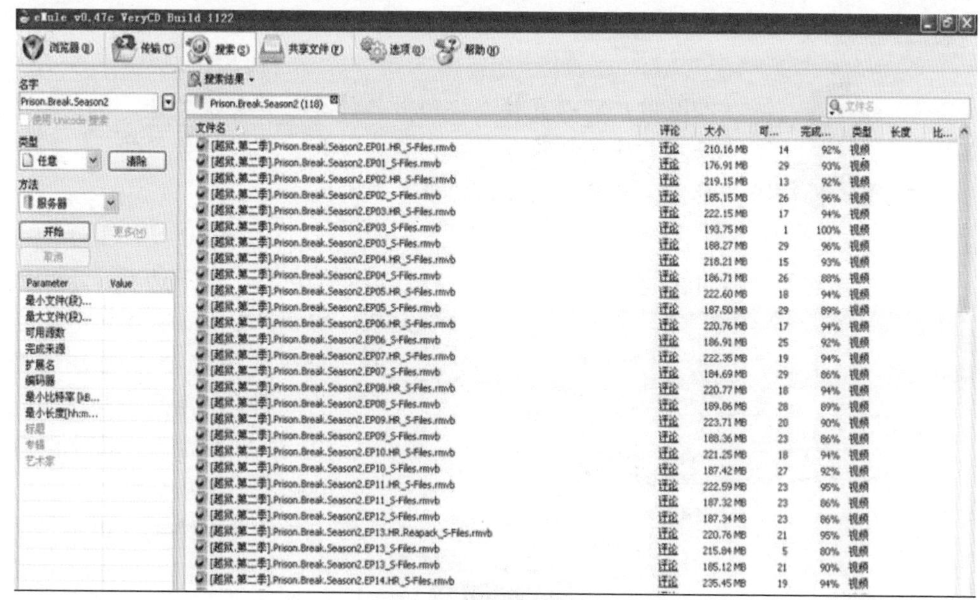

图3-58　电驴搜索结果页

提示　“电驴”使用P2P技术，P2P技术是“peer-to-peer”的缩写，可以理解为“伙伴对伙伴”的意思，或称为对等互联，是一种点对点的传输方式。

目前很多网站都支持图3-59所示迅雷的高速下载，也促进了软件的发展。不过需要注意的是迅雷下载的文件存在安全隐患。

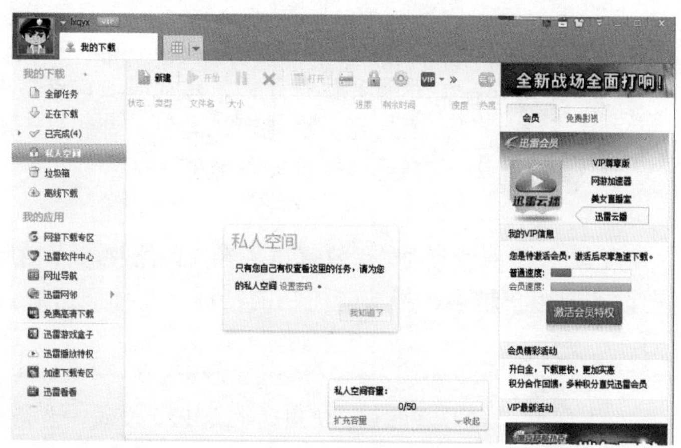

图3-59　迅雷“我的下载”窗口

目前下载软件的发展可谓是百花齐放，从单一的下载功能到目前愈来愈完善的下载平台。无论老牌的FlashGet、传统BT工具BitComet、下歌的KuGoo、下资料的PPGou，还有我们提到过的两款软件，都在不同领域拥有相当可观的用户群，这些下载软件的共同之处是无一例外地支持并使用了“P2P”的技术。

提示 P2P 用户可以直接连接到用户计算机并交换文件，而不是连接到服务器去浏览与下载。摆脱服务器的限制，是P2P速度快的根本原因。

想看电影也不一定非要将其下载，在线影视已经完全可行，边下边看，不用浪费硬盘空间。只不过好一点的在线影院都不会是免费的，图3-60所示为某在线电影网站，每观看一部电影就会扣除相应积分。

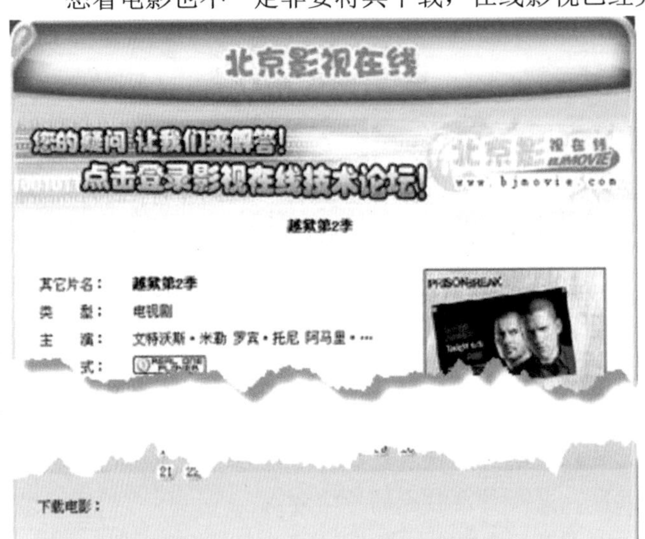

图3-60　在线影院

免费网络电影也不是不可能实现，但就要求在观看的同时也为别人提供服务，使用的当然是P2P的模式了。此类软件目前有几款都不错，使用较多的包括PPStream、QQLive、Tvants等，并且都有不小的用户群。由于功能和操作十分相似，仅以PPLive进行介绍。

提示 很多其他服务商，比如网通、电信也提供内部的电影网站，功能和此类似，都相当于局域网内的电影网站，速度大都能够保证。

PPLive使用网状模型，有效解决了当前网络视频点播服务的带宽和负载有限的问题，实现用户越多，播放越流畅的特性，整体服务质量大大提高，图3-61为其界面。

提示 PPLive 使用的也是 P2P 方式，看得越多越流畅。使用方法简单，只需双击即可播放。

下载地址：http://download.pplive.com/pptvsetup_3.3.6.0024.exe

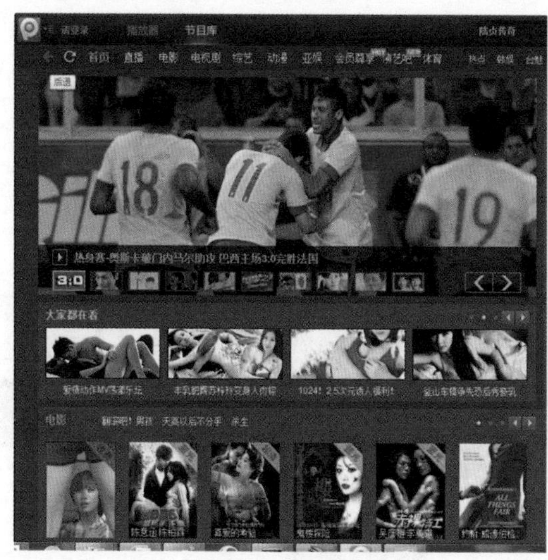

图3-61　PPLive

使用PPLive等软件，需要很好的网络支持，如果网速达不到要求，则会出现一卡一卡的现象。当然，这类软件大量占用网络资源，如果在局域网内有一个人使用P2P方式的软件，可以将整个局域网"瘫痪"，为了他人的利益，如果不经允许请不要私自在局域网内使用P2P类软件，如果十分需要可以在夜深人静时使用。

此类软件的功能也不局限于网络电影，如图3-62所示，在软件右侧是播放列表，不仅仅有最新和经典的电影，还能够观看一些国内和国外的电视节目。

图3-62　PPLive节目库

提示 在线影视同样需要播放软件支持，比如 Web 方式几乎都需要 RealPlayer，而 PPLive 又需要 WMP 支持。

曾经风靡一时的搞笑短片同样搬到了网上在线播放，体育节目的精彩镜头同样上了网，当然还包括个人表演、生活中的精彩片断、明星的演唱会或是偷拍，可以说是数不胜数。

笔者使用的第一个在线流媒体就是如图3-63所示的爱奇艺，现在各大小网站似乎都增加了此项功能或相关业务，虽然有些还不完善，但不久就会走向成熟。

图3-63　爱奇艺网站

下载地址：http://static.qiyi.com/ext/common/QIYImedia_0_02.exe

如图3-64所示，新浪提供了大量的体育类集锦，笔者也酷爱体育，但没有足够多的时间观看每一场赛事，从这里观看精彩片断也能弥补一下吧。

网站地址：http://sports.sina. com. cn/bn/

提示 各种流媒体软件大多数都使用 P2P 的连接方式，否则如果所有用户都从服务器上下载流量，服务器肯定会支撑不住。

图3-64　新浪焦点视频

提供宽频的网站也有很多，比如凤凰宽频、QQ宽频、爱奇艺TV等，每个宽频的特色不同，针对内容也不一样，也不可能满足每个人的需求，请读者根据自己的爱好选择。

微博在线，时刻分享身边的事

微博，即微型博客（MicroBlog）的简称，是一个基于用户关系信息分享、传播以及获取平台。用户可以通过WEB、WAP等各种客户端组建个人社区，以140字左右的文字更新信息，并实现即时分享。

时下最流行、最热门的微博有新浪微博、搜狐微博、QQ微博，如图3-65为新浪微博登录状态。网址：http://weibo.com/

图3-65　新浪微博

接下来如果没微博账号需要到网站注册一下，图3-66是新浪微博的注册页面，分为手机注册和邮箱注册。这样如在忘记密码时，可以通过邮件或者短信找回。

登录后，我们就可以分享身边的新鲜事了，越触动人心的越可能吸引更多的粉丝。在图3-67的页面中就可以发布一条微博，也可以是图片、视频等。

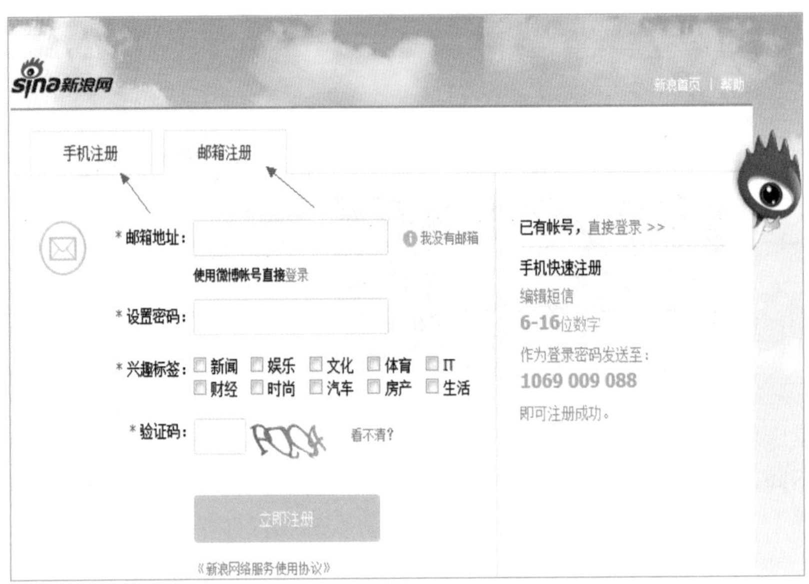

图3-66　新浪微博注册页面

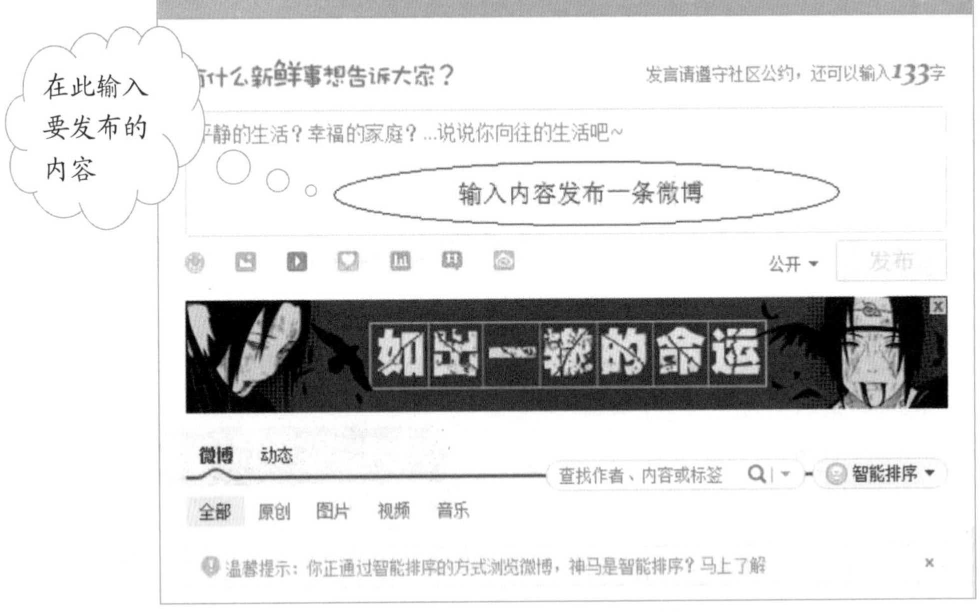

图3-67　发布微博

将鼠标放在蓝色的名字上就可以看到其相关的信息，可以点一下关注，这样你就成为了对方的粉丝，如图3-68所示。哈哈，一不小心就成为别人的粉丝了！

图3-68 关注好友

微博提供了这样一个平台，你既可以作为观众，在微博上浏览你感兴趣的信息；也可以作为发布者，在微博上发布内容供别人浏览。发布的内容一般较短，有140字的限制，微博由此得名。当然，也可以发布图片，分享视频等。微博最大的特点就是发布信息快速，信息传播的速度快，假如你有2万粉丝，你发布的信息会在瞬间传播给这2万人。因此，不造谣，不信谣，不传谣，这是最基本的素质。

网络生活，已然成为一种生活方式、一种生活态度。

有了网络，可以看着屏幕读书。

有了网络，可以躺在床上逛街。

有了网络，可以足不出户就医。

有了网络，可以待在家里学习。

有了网络，可以点点鼠标旅游。

有了网络，可以敲敲键盘恋爱。

网络几乎可以提供任何你想要的东西，也可以找到更多与生活息息相关的信息。

现在就让我们一起开始新新人类的网络生活吧。

第四章

衣食住行，一网打尽

本章学习目标

◇ 网络购物任我行

网络购物已经成为一种时尚，足不出户，世界精品送到家。

◇ 免费汇款，无息贷款

还在计算给父母汇款需要准备多少手续费吗？还在为手边没有足够的现金去买笔记本而发愁吗？有了网络金融服务，这一切都将不再是问题。

◇ 网络餐饮，食客天下

团购美食券，打折卡，寻找藏于民间不为人知的美食，了解餐厅特色同时还可以享受优惠的价格。网络餐饮，为食客提供了不一样的美食体验。

◇ 免费房屋中介，轻松搬新家

让人们轻松地租赁和买卖房屋，以实惠的价格搬家。

◇ 电子地图，路线全掌握

不仅能够查询公交站点、周边设施，还可以提供最佳乘车线路。

◇ 飞机火车，订票全能

足不出户即可查询列车时刻表、订票、退票，还可以凭有效证件自助取票。

◇ 旅游行程资讯网上查

各大旅游网站、全面的旅游信息，想玩什么就玩什么，轻松自如地安排。在有限的时间内玩得更好、更丰富。

◇ 让名医教授成为私人医生

医院提供的网上挂号系统对于方便群众就医、提高医疗服务水平具有重大意义。

◇ 财务咨询，法律援助

众多的网络理财产品，帮你做到钱生钱；各类法律专业网站为人们提供法律支援。

网络购物任我行

网络购物已经成为当今的一种时尚，足不出户，天下精美商品任你选，宅男宅女们真是享受之极。网上购物有很多平台，其中较为出名的有：淘宝、京东、亚马逊等。网购平台的使用方法都比较类似，本文主要以淘宝为例进行说明。很多读者可能会对网上交易的安全性有所顾忌，不用担心，购买一个银行的U盾即可保证你账户的安全。

图4-1　淘宝网首页

如果你从未体验过网上购物也没关系，本文将详细说明，并带着你去购买一件商品。

1. 登录如图4-1所示的淘宝网站(http://www.taobao.com/)，点击“免费注册”超级链接，准备注册一个新账户。注册过程分为三个部分，首先进入如图4-2所示的第一个注册页面，填写账户信息。

2. 按照提示填写账户信息完毕，点击【同意协议并注册】页面跳转到如图4-3所示的验证账户信息页面。

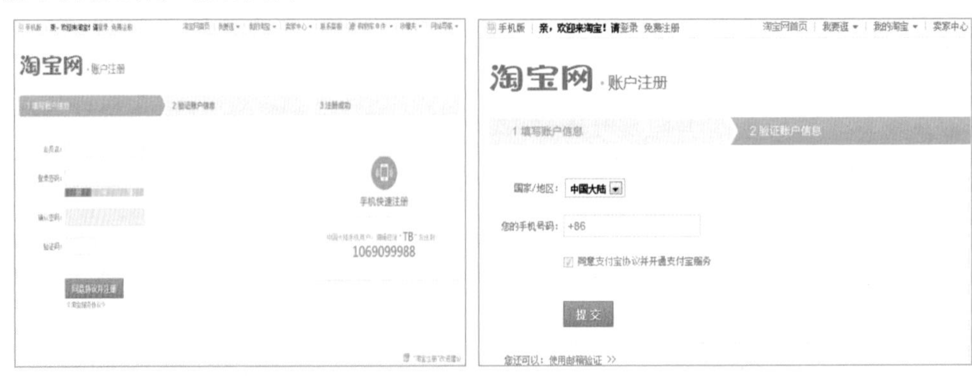

图4-2　“填写账户信息”页面　　　　图4-3　“验证账户信息”页面

提示

可以通过编辑短信“TB”发送到1069099988，使用手机快速注册。

在图4-3中点击【使用邮箱验证】链接，使用邮箱验证账户信息。

3．填写正确的手机号码后，点击【提交】按钮，会以短信的形式收到一个验证码。

4．在如图4-4所示页面中正确填写从短信收到的验证码，点击【验证】按钮。

5．跳转到如图4-5所示的注册成功页面，完成注册。接下来就可以选购自己需要的物品了。

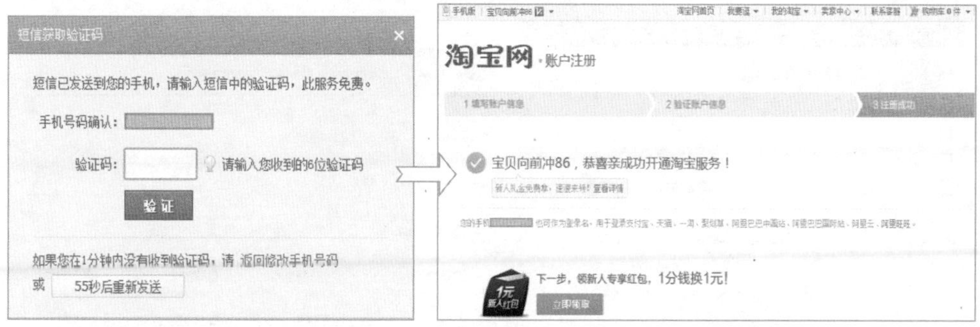

图4-4 “短信获取验证码”页面

图4-5 “注册成功”页面

提示

虽然在网友口碑中京东商城更加专业，但笔者认为淘宝相对人性化，况且淘宝旺旺有即时通信系统支持，交流起来十分方便。

淘宝还包括天猫商城，商城里都是经过各种验证的商家，诚信度较高，但是物品价格也相对较高。

提示

网上支付平台几乎都有信用制度，信用从一定程度上能够体现用户的诚信度，但是不少用户相互刷积分，为了辨别真伪还需多些经验。

虚拟物品在网购中占有很大比例，下面笔者以购买手机充值卡为例对使用网络购物的流程进行介绍。

1．打开网站首页，稍微下拉页面找到“所有类目”，在第一个“虚拟”的分类里点击“话费充值”链接，如图 4-6 所示。

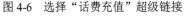

2．在图 4-7 所示页面中输入手机号以后会自动分辨移动和联通及有关省市信息，点击【立即充值】按钮，进入支付宝。

3．如图 4-8 所示，选择支付方式，填写相关信息。如果开通了快捷支付，那么在以后的网购过程中就不再需要填写银行信息了。

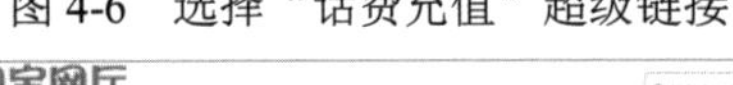

图 4-6　选择“话费充值”超级链接

图4-7　“填写手机号码”页面

图4-8　填写支付信息

淘宝的支付流程是这样的：买卖双方联系好→买家付款给支付宝→卖家发货→买家收货并验收→买家确认收货→支付宝将款支付给卖家。

如果你购买的是真实物品，收到卖家的货物后验证，如果符合要求确认收货；若不符合要求可申请退货及退款，情节严重者可以投诉。

有买方，必然有卖方。别人可以在网上卖东西，我们也可以，而且还有一些是免费开店的哦。

网上开店主要有两种形式。

一种是自己建立专门的网站作为销售平台，这种方法需要投入的成本、精力和时间比较多，比如像图 4-9 所示的 1 号店那样。

另一种就是利用其他网站提供的平台来销售自己的商品，如目前比较流行的易趣、淘宝等，省去了设计网站所花费的时间和精力，而且大型网站的知名度也有助于增加自己店铺的点击率，节省了宣传费用。

图 4-10 显示的就是天猫商城中的小店，你只需要在淘宝上注册个普通会员，就可以申请开店。等淘宝公司对你的身份和银行进行认证之后，就可以在淘宝上贩卖自己的东西了。

图 4-9　1 号店主页

图 4-10　天猫商城中的网店

提示

ebay 易趣也是一个和淘宝类似的平台，在 ebay 易趣开店也有自己的优势，ebay 作为全球最成功的电子商务网站，会使你的东西面向世界销售。

京东商城是中国最大的综合网络零售商，目前拥有超过 6000 万注册用户，在线销售家电、数码通讯、电脑、家居百货、服装服饰、母婴、图书、食品、在线旅游等 12 大类数万个品牌百万种优质商品，日订单处理量超过 50 万单，网站日均 PV 超过 1 亿。图 4-11 是京东商城的主页：www.jd.com

图 4-11　京东商城主页

提示

俗话说便宜没好货，网上商品价格虽低，还不至于低得离谱，很多异常便宜的商品恐怕都存在着欺诈行为。

免费汇款，无息贷款

随着银行系统网络的逐渐完善，人们越来越多地使用到ATM、网银、信用卡等服务性功能，办理的业务也日趋多样化，如交水、电、煤气费，跨省、跨行转账，分期付款等。当然，天下没有白吃的午餐，我们在享受这些便捷服务的时候，也需要向银行缴纳一定的费用。不过，在这个物价飞涨的年代，有没有什么办法可以让我们既享受到信息化时代的便利，又能尽量节省成本呢？答案是肯定的。

以招商银行信用卡为例，如果账单日为5号，还款日为23号，信用卡额度为1万元，那么我们可以先透支5千元，然后在下月5日至23日之间再进行一次透支，通过淘宝将款打入与信用卡绑定自动还款的一卡通账户，在23日自动还款，以后每个月的5日至23日之间做一次上述操作，那么最初透支的5千元就能被你一直“霸占”着，相当于信用卡额度的一半在进行免息贷款。

直接提现是收手续费的，而淘宝则是免费的，异地免费转账的道理与此类似。

一、将银行卡账户的网上支付额度调高

1．如图4-12所示，通过银行提供的网上银行客户端登录信用卡账户。

图4-12　一网通个人银行专业版

2．如图4-13（1）所示，选择【网上支付】|【网上支付额度设置】菜单。

3．在如图4-13（2）所示的页面中，可以看到你目前的累计网上支付金额，同时可以修改网上支付额度。

4．输入要修改的支付额度。

5．在弹出的图4-13（3）所示的对话框中，点击【确定】按钮。

6．此时我们将看到新设置的网上支付限额，同时，系统会自动将你的累计网上支付金额清空，如图4-13（4）所示。

图4-13　修改网上支付额度

提示　由于担心信用卡账号被盗，笔者将信用卡网上支付额度一直设定为0.01元，这样即使信用卡被盗，只要身份证信息不被盗也是安全的。

二、通过支付宝进行无息贷款

1．登录淘宝网站(http://www.taobao.com/)，点击【免费注册】超级链接，准备注册一个新账户。注册过程分为三个部分，首先进入如图4-14所示的注册页面，填写账户信息。

提示　注册淘宝账号时会同时生成与淘宝号一样的支付宝账号，首次登录支付宝时需要设置支付密码和填写身份信息。

2．点击【同意协议并注册】按钮，页面将跳转到如图 4-15 所示的验证账户信息页面。

3．填写正确的手机号并点击【提交】按钮，手机会收到一个验证码短信。

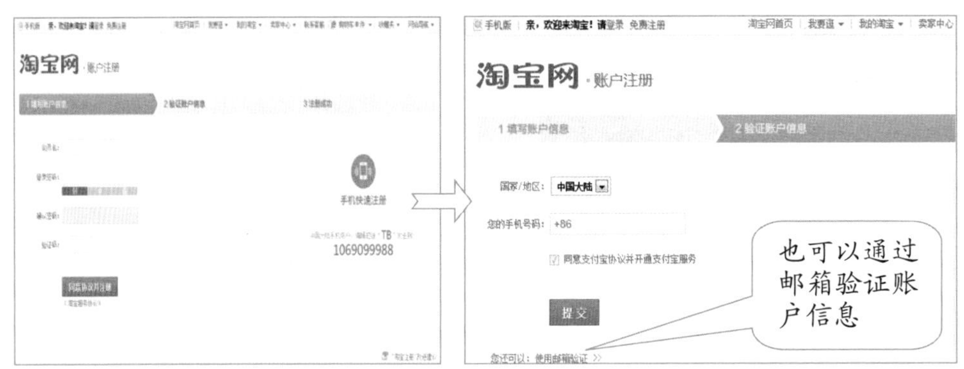

图4-14 “填写账户信息”页面　　图4-15 “验证账户信息”页面

4．在如图 4-16 所示的页面中正确地填写短信中收到的验证码，点击【验证】按钮。

5．跳转到如图 4-17 所示的注册成功页面，完成注册。

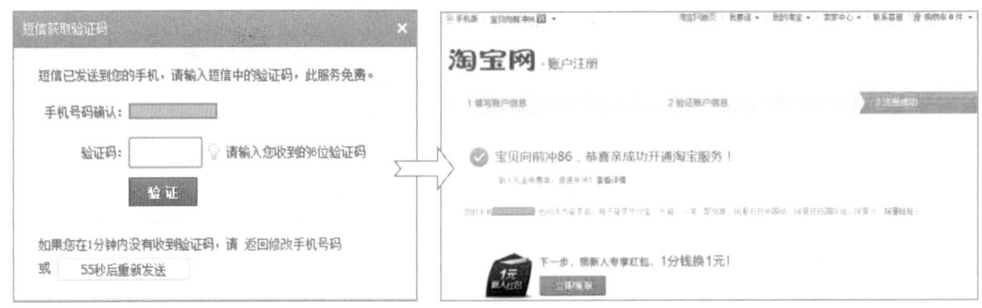

图4-16 “短信获取验证码”页面　　图4-17 “注册成功”页面

6．访问如图4-18所示的支付宝登录页面（网址：https://auth.alipay.com/login/index.htm），首次访问支付宝时，需要先安装支付宝安全控件，才能登录。

7．按照提示信息，安装安全控件。

8．点击【淘宝会员登录】超级链接，切换到如图4-19所示的淘宝

图4-18 支付宝登录页面

会员登录页面。

9．输入登录名、登录密码，点击【登录】按钮。

10．支付宝首次登录需要在如图4-20所示的页面中设置支付密码并填写身份信息。

图4-19 淘宝会员登录页面

图4-20 支付宝填写身份信息页

提示

支付宝规定：未通过实名认证的账户不能提款。那么免除手续费的行动也将无法实现，所以我们必须先通过实名认证。

11．登录没有经过实名认证的账号（如果你已经拥有两个经过实名认证的账号，那当然是再好不过的事情了），点击图4-21所示页面中的【充值】按钮。

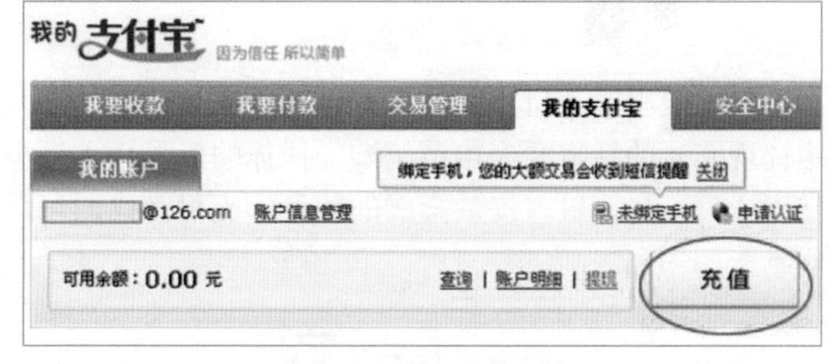

图4-21 “我的支付宝”

提示　认证的方法很简单，只是可能需要几个工作日的审批过程，等审批通过就可以开始使用了。

12．如图4-22所示，不同银行都会有一定的金额限制，以避免用户恶意刷卡等情况的发生。

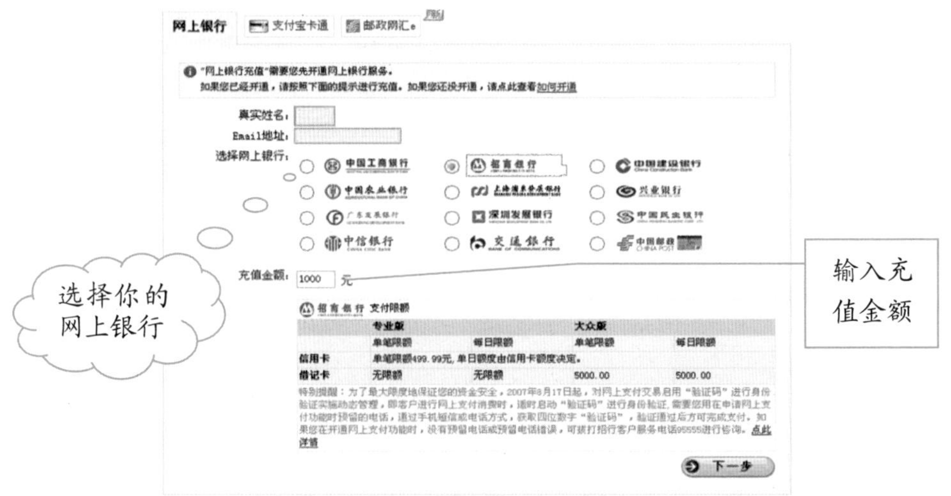

图4-22　支付宝充值页面

13．选择支付宝页面中的【我要付款】|【直接给亲朋好友付款】，点击【下一步】，这里的亲朋好友自然是自己的另一个账号了。通过【从联系人选择】选择另一个通过实名认证的账号，如果没有，请添加这样的账号。填入付款金额，点击【下一步】，输入支付密码，【确认付款】即可。

提示　多申请几张信用卡，"免费"使用银行几万块钱也是很简单的事情，但要记得按时还款哟。

14．退出此支付宝账号。登录通过实名认证的账号，选择提现。如果你没有绑定提现账号的话需要先申请，淘宝往你的账号打入很少的钱，确认正确后绑定。绑定完成后，只需输入提款金额的数量、支付密码即可，现在通过支付宝提现，是立即到账的。

网络餐饮，食客天下

目前很多人都不喜欢出门，又懒得做饭，SOHO一族、炒股一族也大有人在，这些人的饮食问题怎么解决呢？随着送餐公司的发展，这个问题就迎刃而解了。

市面上有很多送餐公司，从搜索引擎中可以搜到很多，且使用方法类似，请读者自行选择适合自己地区的送餐公司，本文仅以丽华快餐为例进行说明。

1．在地址栏中输入丽华快餐网址（http://www.lihua.com/）。打开如图4-23所示的页面。

图4-23　丽华快餐首页

2．在左侧菜谱中选择不同的类型，将套餐加入到购物车，设置套餐数量。如图4-24所示。

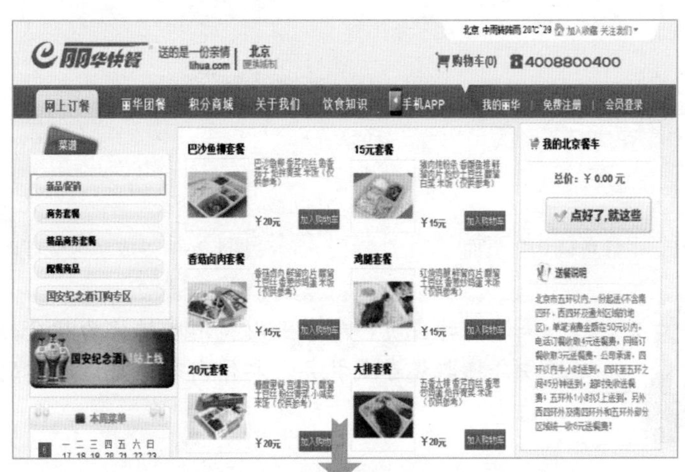

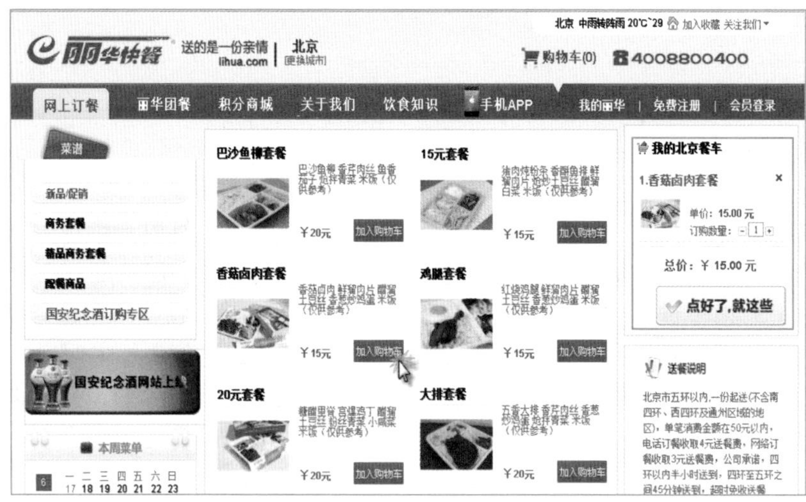

图4-24　将套餐加入到购物车

3．点击【点好了，就这些】按钮，在如图4-25所示的“订单确认”页面中，填写用户信息，选择支付方式等信息，此时可以修改每种套餐的数量，点击【提交订单】按钮。

4．确认信息无误后，系统自动跳转到如图4-26所示的“成功提交订单”页面，显示订单相关信息，到此，我们只要在家等待即可。

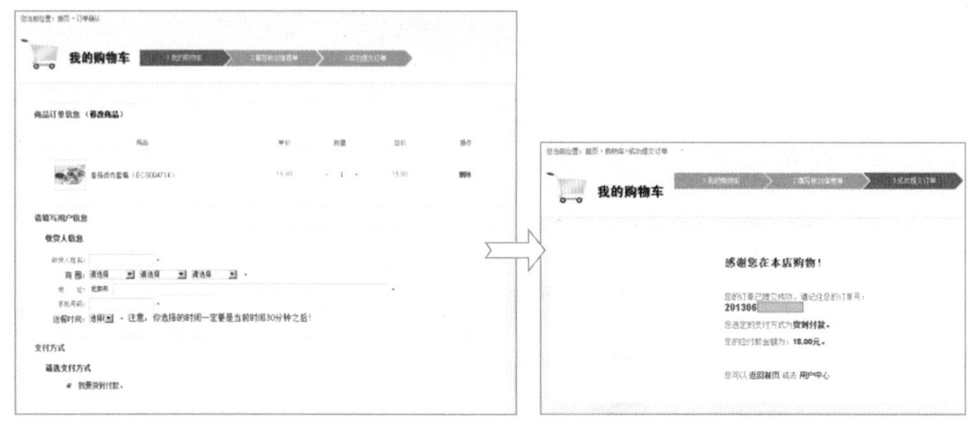

图4-25　“订单确认”页面　　　　图4-26　“成功提交订单”页面

提示

如果注册为会员，那么可以将消费转化为积分，通过积分换取餐券或礼品，具体内容详见该网站的活动信息。

对于爱吃的我们来说，网上订快餐还是远远不够的，我们需要的是更加全面的美食，当然这也不是靠送餐就能够实现的，不过我们可以先在网上看好，先了解一番，然后约一些好友去吃顿大餐。

笔者推荐的网站是“大众点评”，图4-27为其主页，网址为：http://www.dianping.com/，这个网站以餐饮为主，但也包括团购、休闲等其他版块，这不属于本文范畴，请对此感兴趣的读者自行了解。

图4-27　大众点评网首页

通过选择地区、菜系、商区等选项去寻找合适的餐馆，也可以通过排行寻找推荐的餐厅。另一种方式就是“高级搜索”，如图4-28所示，可完全自助定制所需，更快、更方便地找到心仪的饭馆，如果页面注有“会员卡客户”则可以通过大众点评会员卡打折哦。

图4-28　高级搜索页面

除了大众点评，这里再推荐几个不错的相关网站：

美团网：https://bj.meituan.com/meishi/，见图4-29所示。

马蜂窝网：http://www.mafengwo.cn/，见图4-30所示。

图4-29 美团网

图4-30 马蜂窝网

提示 各个餐馆的打折方式都不一样，有的仅有学生证即可打折。如果订包间，有些餐馆是要收手续费或规定有最低消费的。

免费房屋中介，轻松搬新家

房市依旧昌盛。买得起房的要左挑右选，买不起房的也要租房。想找个栖身之处怎么那么难呢？

从哪儿能找到好的房源呢？中介？虽然数量多，可动辄一个月房租的中介费也煞是让人苦恼，再遇到个黑中介可就赔大了，不妨在网上找找，或许有你中意的。

图4-31为搜房网主页，是国内较大较全面的房屋中介平台，从买房到租房，从公寓到二手房应有尽有。在搜房网上还能找到很多相关信息、法律、技巧、楼盘，通过提前学习才能在买房或租房的时候找到合适的，并且将被骗概率降到最低。

图4-31 搜房网主页

搜房网网站地址：http://www.soufun.com/

选择好合适的选项，比如北京、海淀区、3000~5000元，租房搜索到图4-32所示页面，通过点击链接打开相关页面，查看信息。搜房网的信息包含很多个人房源，但并非完全免费，需要注册后通过网上支付等方式充值，才能获得联系方式。

图4-32　搜索结果页

提示　虽然很多中介公司打着不收中介费的旗号，但是羊毛出在羊身上，中介公司不会吃亏的，总会使用各种手段收取“中介费”，否则，中介公司也无法生存。

图4-33　手递手主页

如果说搜房网并不是完全免费的信息平台，那么手递手则是完全免费的信息平台，不过需要读者有更强的火眼金睛能力，其网页如图4-33所示。其实判断方式也很简单，只需直接问对方，对方都会直接告诉你是否为中介，多打几个电话而已。

手递手网站地址为：http://www.h2h.cn/

提示 虽然很多房源标明是个人房源，但实际上是中介。为此，不少网站提供查询中介的功能，只需填入联系的电话号码即可知道是否为中介。

找到了房总要搬家吧，搬家公司在网上联系起来同样方便。图4-34为“北京兄弟搬家有限公司”的主页，点击其中的【在线销售咨询】，即可打开QQ对话框，开始聊天咨询。

图4-34 兄弟搬家主页

提示 选择在周末搬家的人比较多，很有可能没有合适的车辆和人员，所以尽可能在非周末搬家，如果平时没时间则需要提前预定。

该公司网站地址：http://www.bj-brother.com/

电子地图，路线全掌握

小时候经常翻地图手册，被里面各式各样的方块、线条所吸引，有时候还会背下来。现在地图已经被搬到了网上，只需按动键盘，就能找到想找的地方，甚至任何一个角落。据说美国的军用卫星已经达到了0.1米甚至更高的精度，虽然我们无法实现到这个程度，但Google Earth也能给我们提供类似功能。

使用Google Earth首先需要从Google网站下载软件，其下载网址：http://www.google.com.hk/earth/index.html。该软件使用起来很简单，只需点击鼠标拖动位置，使用滚轮改变放大率即可，也可双击地名直接进入。此软件对一些大城市主要地区显示得比较清晰，小城市相对模糊。有了它，你就可以坐在电脑旁“周游世界”了。图4-35所示为查询故宫所在位置的示例。

图4-35　用Google Earth俯瞰故宫

真实的地图并不一定比画出来的好用，找行车路线等信息还是在电子地图上寻找更方便，毕竟有个指示即可。图4-36为百度地图中的北京，清晰地呈现了城市的布局结构。通过左侧放大、缩小、平移的按钮可以方便地找到几乎任何一个角落，无论饭店、机关、写字楼，还是学校、医院一应俱全。

图4-36　百度地图

提示 国内很多网站都提供地图查询功能，比如“数字北京”、“我的中国地图”等网站，这类网站的差异主要取决于其数据库是否为最新。

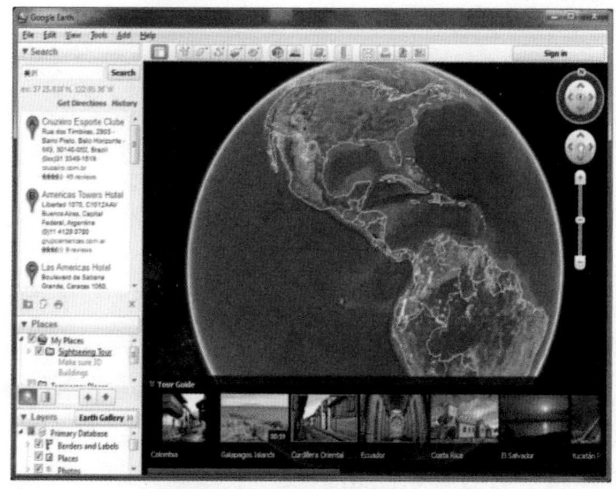

图4-37 美洲概貌

仅仅有了国内的地图或许还不够，Google同时提供了世界范围内的电子地图。图4-37为美洲的概貌，使用方法类似百度，如果出国的话想来能派上大用场。

这两种电子地图系统都支持在搜索栏里填入地址就可以进行搜索。具体网址可以通过相应网站的“更多”页面找到对应的“地图”版块。

提示 看一看夏威夷的海边、撒哈拉沙漠等很多暂时不可能去的地方也是很不错的。有些地方还有照片链接，当然一些军事区是被模糊化的。

光有了地图也不好用，还需要知道坐几路车啊。北京交通网派上了用场，当然其他各地也会有相应的网址可以查询使用。只需在右侧填入起始、终点的车站名及查询方式，再点击【查询】即可，就能找到合适的公交路线，为出行提供方便。图4-38所示为北京公交网的主页（http://www.bjbus.com/）。

图4-38 北京公交网主页

提示

电子地图提示出来的路线未必是最好的，因为毕竟不如人聪明，在电子地图提供了大体方案后还需人工判断、取舍。

飞机火车，订票全能

一、购买火车票

每当长假前夕，各个订票点门口都会排起长龙，无论回家、出游、访友，都要经历长途跋涉，除了天津到北京这种短途基本不需要提前买票，稍微远一点的路程都要经历订票这一关。高价从旅行社订票、更高价从黄牛党手里买票，甚至从前一天晚上一直排队到天亮，只为求一票。现在有了新的方式，那就是网上订票。图4-39所示的网站是中国铁路客户服务中心，属于官方订票网站。

网址为： http://www.12306.cn。

图4-39 中国铁路客户服务中心主页

1．点击“中国铁路客户服务中心”主页左侧的【网上购票用户注册】按钮，阅读“服务条款”后，单击【同意】按钮。

2．在图4-40所示的“新用户注册”页面中填写用户信息。

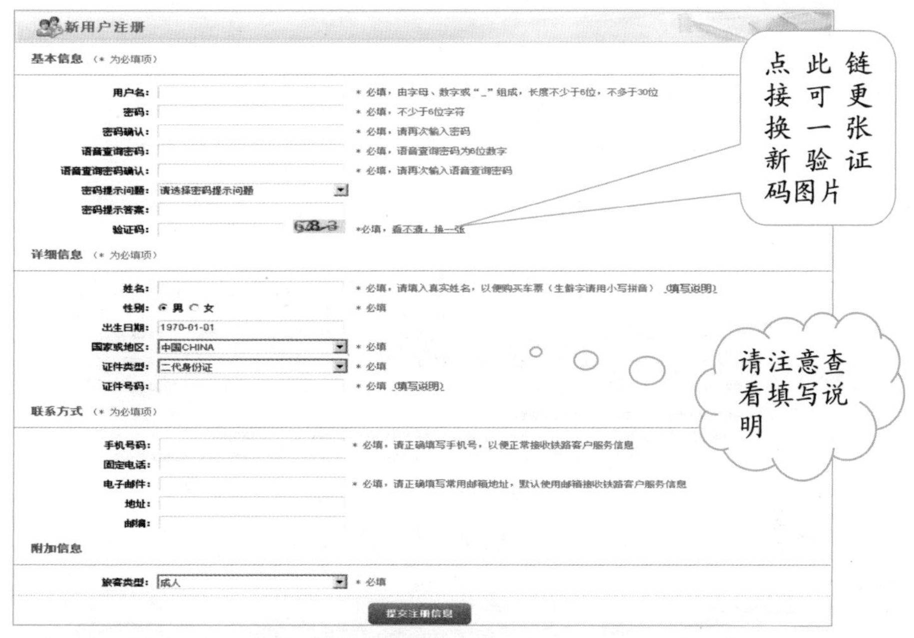

新用户注册

基本信息 （* 为必填项）

用户名：* 必填，由字母、数字或“_”组成，长度不少于6位，不多于30位
密码：* 必填，不少于6位字符
密码确认：* 必填，请再次输入密码
语音查询密码：* 必填，语音查询密码为6位数字
语音查询密码确认：* 必填，请再次输入语音查询密码
密码提示问题：请选择密码提示问题
密码提示答案：
验证码：678-3 *必填，看不清，换一张

详细信息 （* 为必填项）

姓名：* 必填，请填入真实姓名，以便购买车票（生僻字请用小写拼音） 填写说明
性别：男 女 * 必填
出生日期：1970-01-01
国家或地区：中国CHINA * 必填
证件类型：二代身份证 * 必填
证件号码：* 必填 填写说明

联系方式 （* 为必填项）

手机号码：* 必填，请正确填写手机号，以便正常接收铁路客户服务信息
固定电话：
电子邮件：* 必填，请正确填写常用邮箱地址，默认使用邮箱接收铁路客户服务信息
地址：
邮编：

附加信息

旅客类型：成人 * 必填

提交注册信息

图4-40　“新用户注册”页面

3．点击【提交注册信息】按钮完成注册。

提示　只要注册为会员后，即可进行网上订票的操作，这个过程是完全免费的。

4．登录网站点击【火车票预订】链接，设置“出发地”、“目的地”及“出发日期”后，点击【查询】按钮。出现如图4-41所示的所有车次信息和余票信息列表。

5．点击【预订】按钮，进入选择乘车人信息，一个账号可以添加多个乘车人，如图4-42所示。

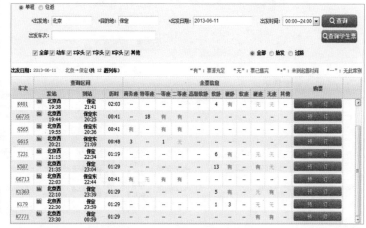

单程　往返

*出发地：北京　*目的地：保定　*出发日期：2013-06-11　出发时间：00:00--24:00　查询

出发车次：　查询学生票

全部　动车　Z字头　T字头　K字头　其他　　全部　始发　过路

出发日期：2013-06-11　北京→保定（共 12 趟列车）　“有”：票源充足　“无”：票已售完　“*”：未到起售时间　“--”：无此席别

车次	查询区间		余票信息												购票
	发站	到站	历时	商务座	特等座	一等座	二等座	高级软卧	软卧	硬卧	软座	硬座	无座	其他	
K401	北京西 19:38	保定 21:41	02:03	--	--	--	--	--	4	有	--	无	无	--	预订
G6735	北京西 19:44	保定东 20:25	00:41	--	18	有	有	--	--	--	--	--	--	--	预订
G565	北京西 19:55	保定东 20:36	00:41	有	--	有	有	--	--	--	--	--	--	--	预订
G615	北京西 20:21	保定东 21:09	00:48	3	--	1	无	--	--	--	--	--	--	--	预订
T231	北京西 21:15	保定 22:34	01:19	--	--	--	--	--	6	有	--	无	无	--	预订
K507	北京西 21:35	保定 23:04	01:29	--	--	--	--	--	13	有	--	有	无	--	预订
G6713	北京西 22:03	保定东 22:44	00:41	有	无	有	有	--	--	--	--	--	--	--	预订
K1363	北京西 22:10	保定 23:39	01:29	--	--	--	--	--	5	有	--	无	有	--	预订
K179	北京西 22:30	保定 23:59	01:29	--	--	--	--	--	1	3	--	无	无	--	预订
K7771	北京西 23:30	保定 00:59	01:29	--	--	--	--	--	--	--	--	有	有	--	预订

图4-41　车次信息查询结果

图4-42　填写乘车人信息

6．选好乘车人信息后，点击最下面的【提交订单】弹出如图4-43所示的确认页面。

图4-43　“提交订单确认”页面

7．点击【确定】后提示订票成功，这个时候需要在图4-43所示页面上点击【网上支付】按钮。如果支付成功，可以从图4-42右上角的“我的12306”里查询订单状况。

需要特别注意的是：虽然订单提交成功，但这并不意味着你已经买到了车票。45分钟内如果支付没有成功，车票将会被取消。

选择“代售处取票”时，凭有效证件可以直接取出已支付票款的车票，但需要支付五元的手续费，和从代售处直接购买的费用一样。

在线购票、在线订票、直达车（Z）预订、动车组（D）预订等，在订票成功后车票将一直保存至发车时间。如果你不幸误车，应尽快按铁路部门有关规定，改签或办理退票手续。

提示　成功订到票后，需要凭有效证件到指定地点取票。在火车站自助取票，不需要支付手续费。

二、购买飞机票

飞机票现在还没有官方的订票网站，这里介绍携程网订票过程。其订票操作过程大致如下：

1．打开如图4-44所示的携程网网站（http://www.ctrip.com/）。

图4-44　携程网首页

2．从导航栏中选择“机票”，如图4-45所示。

图4-45　携程网机票栏目

3．选择“国内机票”，输入出发城市、到达城市、出发日期等信息，点击【搜索】按钮，开始查询。查询结果如图4-46所示。

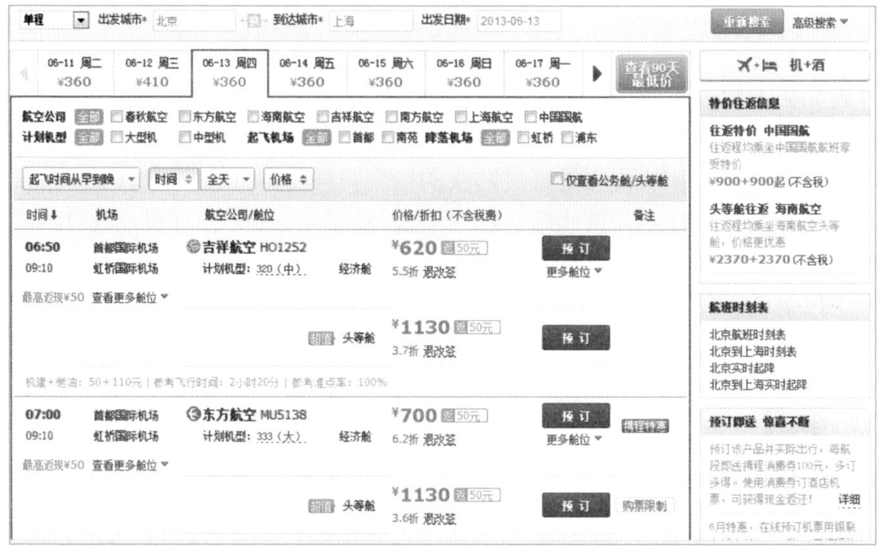

图4-46 查询结果

提示 在图4-46中，可以修改查询条件后点击【重新搜索】按钮，或者点击【高级搜索】链接，修改搜索条件。

4．选择合适的机次进行购买，点击【预订】按钮，显示如图4-47所示的会员登录页面。

图4-47 会员登录页面

5．点击【非会员预订】按钮。如果你是携程网的会员，可以输入“登录名”、“密码”、“验证码”等信息，点击【登录】按钮，以会员身份订机票。

在图4-47所示页面中，可以通过点击【免费注册】链接，注册为携程网会员，享受会员优惠。或者选择【合作卡登录】标签页，输入合作卡信息进行登录。

6．在图4-48所示的页面中填写乘客信息，点击【下一步】按钮。

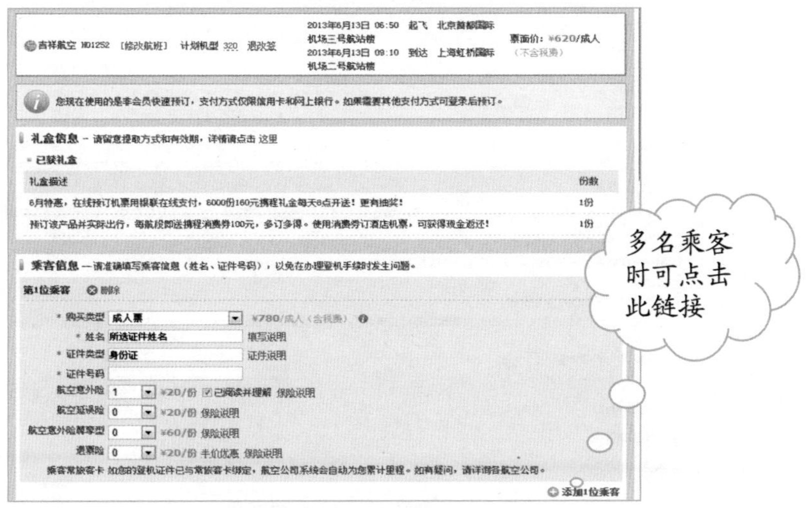

图4-48　填写乘客信息

7．如图4-49所示，选择配送方式。有多种方式可供选择，例如，可以到机场自取，可以有快递投送（但有20元资费），也可以到市内有关地点自取。

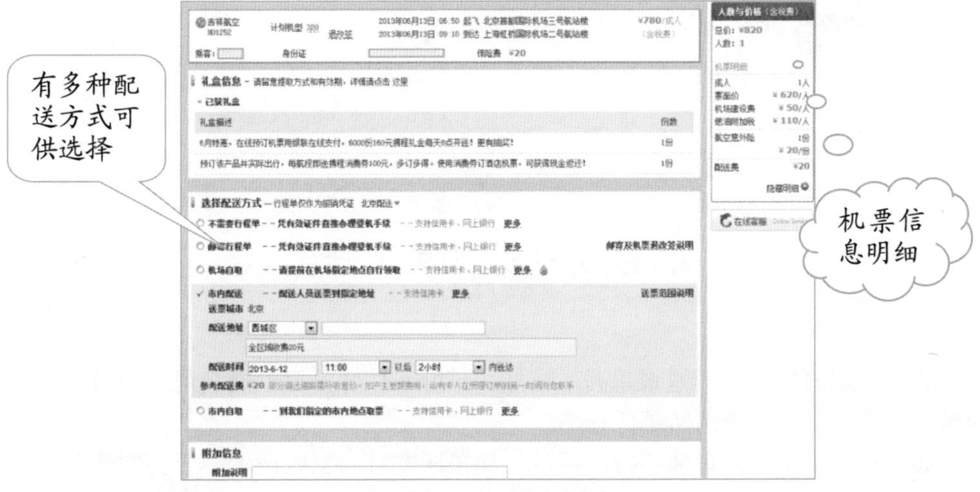

图4-49　选择配送方式

8．点击【下一步】，出现核对单，如图4-50所示。检查无误后，就可以通过网上支付完成机票的预订。

图4-50　核对预订单

提示

网上买票还有多种方式，比如网上支付平台和一些相关论坛，不仅仅车票可以在网上买，电影票、演唱会门票都可以在网上购买。

旅游行程资讯网上查

随着人们的生活水平越来越高，吃好、穿好、住好早已不能满足人们日益增长的精神需求，出去走走自然是件好事。

如果有朋友在当地可能还好，不过，如果朋友时间紧张或者你要去的地方，人生地不熟的怎么办？没关系，我们有信息量巨大的网络资源，本文将以查询京郊旅游为例进行说明。

本文介绍的示例网站是北京旅游网，图4-51为其主页。

网站地址：http://www.bjlyw.com/

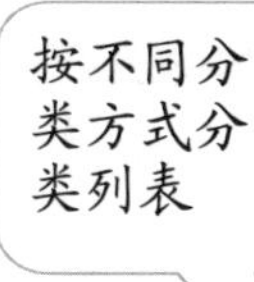

图4-51　北京旅游网

在主页上就可以看到野三坡、白洋淀等京郊的很多景点，但很多都是旅游公司的广告。

如果想去特定省市旅游，可以点击相应专题链接查询。比如点击【河北旅游】专题，进入图4-52所示页面。其中显示了多条在河北旅游的线路，比如北戴河、狼牙山、十渡游等，可点击感兴趣的条目，具体查询相关信息。

图4-52　河北旅游专题

提示　如果你想自助游但又不知道路线，那么可以直接复制旅游公司的行程，这样既高效又比较自由，一举两得。

人们已经不满足于跟团的单调，甚至有被黑旅行社“坑”的可能，因而自助游

越来越火热。自己安排时间，自己安排行程，多走走，多体会一下风土人情，多体会一些更真实的东西，自助游是最好不过的。

推荐一个自助游的网站——自游天下，如图4-53所示，网站的网址为：http://www.abroadself.com/。此网站分多个栏目，包括酒店比价、宿雾机票、论坛、美亚88折、签证代办、结伴同行、自助游QQ群、商圈等。

图4-53　自游天下网站

想参考一下别人出行的经验、旅游感悟甚至是设计好的方案吗？请选择论坛中的相应帖子查看，如图4-54所示。选择一个感兴趣的出行计划，可以发现，其中不仅包含景点介绍，还有路线安排、景点门票价格、食宿介绍及联系方式等包含大量信息的帖子，相信有了这么多详尽的介绍，一定能够让你增加对此地的了解，也为下一步出游计划安排做了很全面的准备工作。

图4-54　查看帖了

如果身边正好没有朋友一同去可怎么办？点击导航栏中的“结伴同行”栏目，在如图4-55所示页面中，可以看到跟你一样想找人一同出去旅游的人发出

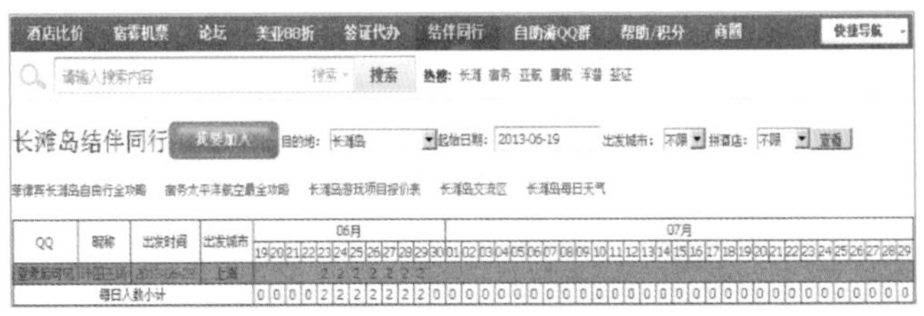

图4-55　“结伴同行”栏目

的活动信息。在这里，可以根据目的地、起始日期、出发城市、是否拼酒店等条件进行查找。找到你感兴趣的活动后，点击【我要加入】按钮即可。

另外，你也可以发布招集活动信息，寻找与你志同道合的游伴同行。也许，借此还能收获一份美好的友情呢。

提示　自游天下还自带搜索引擎，如果想查询什么资料或直接查询某个景点，都可以通过输入关键字来查找，方便快捷。

让名医教授成为私人医生

通过网络看病抓药，听起来似乎不切实际。但是在欧美，日益发达的网络技术正在将这一设想变为现实。最近，德国科隆大学健康经济研究所进行的一项研究表明，经常利用互联网看病抓药的欧美人正不断上升，人数已经突破5000万，网上看病抓药在欧洲已渐成风尚。不过，在中国技术还不成熟，通过网络能做的就是得到更多关于病情的信息。

首先介绍的是华夏医药健康网，图4-56为其首页。此网站几乎囊括了与医学相关所有内容，包含中医、西医、疾病大全、药品天地等多个专题，以及一些特色专题，信息资源庞大，并且自带搜索引擎，可对你感兴趣的内容进行搜索。

图4-56　华夏医药健康网

网站地址：http://www.886120.com/

华夏医药健康网与很多医院和医生都有良好的关系，为患者提供医院的相关信息或医生的在线咨询的服务。通过首页的【专家在线】栏目可以得到医生的联系方式和工作时间，进行电话咨询。

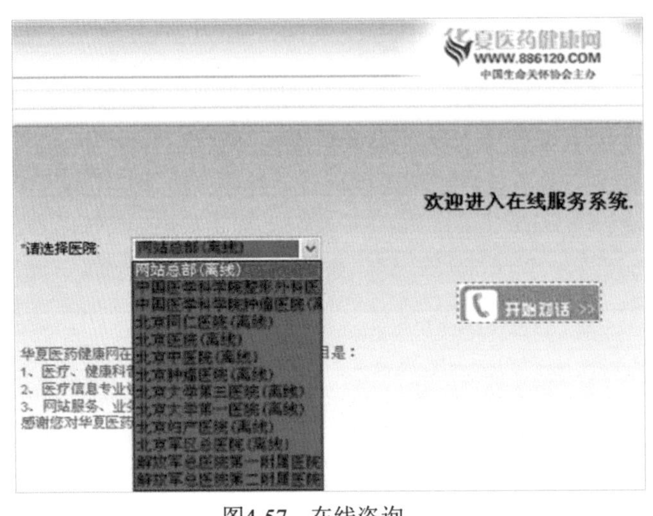

图4-57　在线咨询

也可以点击首页浮动图片，可进入图4-57所示页面，进行在线咨询。首先选择所需咨询医院，如果显示“离线”则表示目前没有服务人员，如果有服务人员则可以直接通过即时聊天获取所需信息。

图4-58所示为看病指南网站首页，网址地址为：http://www.kbzn.cn/。此网站虽然不是很系统，但同样提供了大量的信息，并以专题形式分类，比如“长期卧床病人的家庭护理”等常见的医学问题，不需要通过亲往医院就能得到指导。

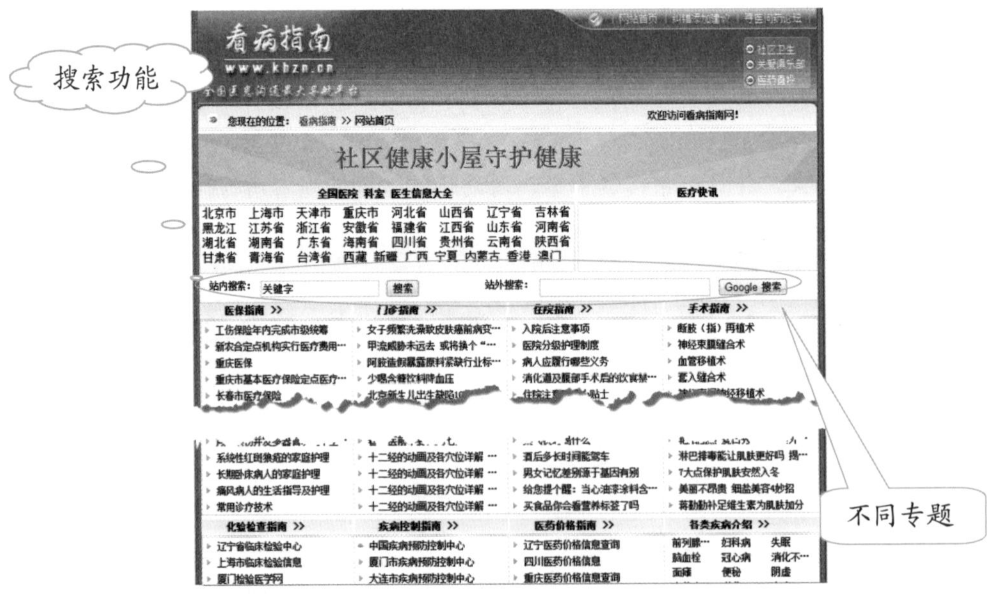

图4-58　看病指南网站首页

39健康网（图4-59），作为专业的健康资讯门户网站，是医疗保健类网站的代表，曾荣获中国标杆品牌称号。提供专业、完善的健康信息服务，包括疾病、保健、健康新闻等多种信息。

39健康网分为：诊疗、药品、保健、新闻、名医等大栏目，每个大栏目中又分为许多小栏目。

另外，39健康网可以根据疾病名称、症状、药品、医院、医生等分类进行查询。当然，它也提供了站内搜索功能。网站地址：www.39.net

图4-59 39健康网首页

提示

39健康网同样提供了在线咨询的服务，只不过方式有所不同，在线咨询活动是有固定时段的。不过可以通过点击【抢先提问】按钮，提前提出问题。

图4-60是北京市网上预约挂号平台，网址：http://www.bjguahao.gov.cn。它提供以下服务：

可以预约指定专家号，三级甲等医院数千专家任你选择。

北京各大医院床位均可预约，为你提供舒适的就医环境。可以预约指定专家手术，与专家充分沟通，并有专家术后康复方案，给患者生命更多保障。

图4-60 北京市预约挂号统一平台首页

提示 网上查询医疗信息仅仅是一个辅助作用，最终还是需要到医院去治疗，请读者不要轻易相信网上信息，一定要多查多核实。

财务咨询，法律援助

每个人都希望过上幸福美满的生活，但是你首先应该自问一下是否具备了这样的能力。你可以将自己的家庭财产保值增值吗？你可以用法律的盾牌来保护自己的权利吗？如果你没有具备这些能力，那么就得抓紧时间充实自己了。各大门户网站都有财经和法律的专栏，以供大家学习和交流。图4-61所示是网易财经页面，是理财人士爱去的地方。

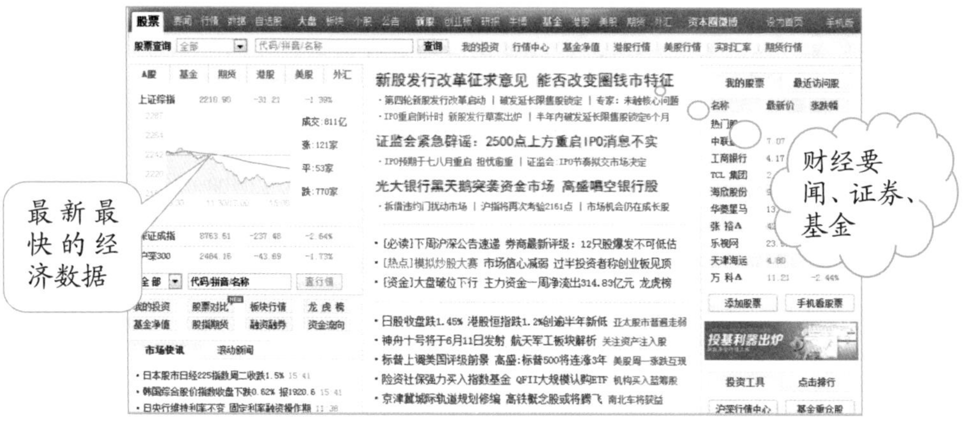

图4-61 网易财经频道

个人理财就是用最少的代价，争取获取最大的收益。以个人的财产为基础，让有限的资源得以发挥最大的功用，实现个人理想，提升生活品质，丰富家庭生活。

图4-62是东方财富网的首页。东方财富网是中国极具影响力的互联网财经媒体之一，提供全方位的综合财经新闻和金融市场资讯，包含：财经、股票、证券、金融、港股、行情、基金、债券、期货、外汇、保险、银行、博客、股吧、财迷、论坛等多个栏目。

东方财富网址：http://www.eastmoney.com

图4-62　东方财富网

新浪财经（图4-63）创建于1999年8月，经过10多年的发展壮大，已经成为全球华人的首选财经门户之一。作为财经网络媒体，新浪财经打造高端新闻资讯、深度挖掘业内信息，全程报道80%以上的业界重要会议及事件，是极具影响力的主流媒体平台。同时，新浪财经也开发出如金融超市、股市行情、基金筛选器、呼叫中心、金融产品在线查询等一系列实用产品，帮助网民理财，是贴心实用的服务平台。除此之外，新浪财经为网友搭建了互动、交流、学习的财经大平台。财经博客、财经吧、模拟股市、模拟汇市等均成为业界领先、人气旺、知名度高的财经互动社区。

基于领先的财经资讯和贴心的产品服务，新浪财经吸引了非常庞大的高端用户群，已经成为金融行业客户进行网络营销的主要平台，同时也获得了非金融类客户的广泛青睐。

图4-63　新浪财经首页

新浪财经网址：http://finance.sina.com.cn/

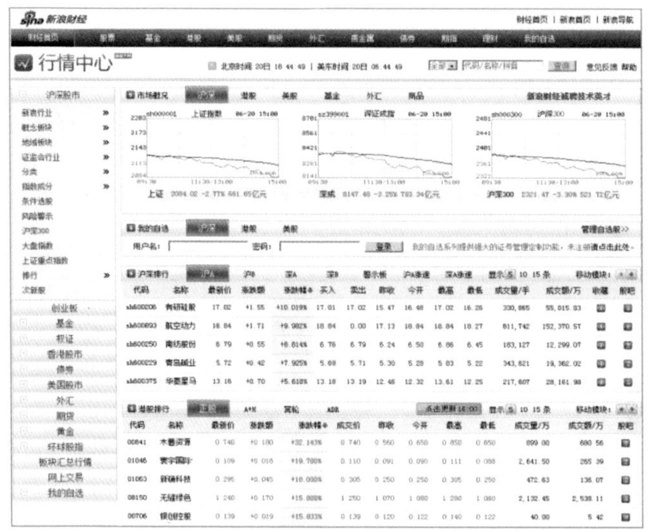

图4-64　新浪财经的行情中心

新浪财经的行情中心（图4-64）为你提供最全面最快速的沪深股市、香港股市、环球股指、外汇、期货、基金实时行情，还对沪深股市的板块行情进行了全面汇总，排行榜使你对全天的行情有了最直观的了解，其独有的网上交易系统，涵盖了72家证券公司的网上交易，凭账号、密码即可登录进行网上交易。

新浪财经行情中心网址：http://money.finance.sina.com.cn/mkt/

提示　钱不是万能的，但是没有钱是万万不能的。“个人理财”的观念已经得到了越来越多人们的认同。

“依法治国，以德治国”，是我国治国理政的基本方略。加强我国人民群众对法律常识的普及就显得尤为重要。作为信息、新闻的首选媒体来源，互联网为普及法律知识扩大了新的空间，搭建了新的平台，促进和推动了法制教育的创新，丰富了教育内容和形式，扩大了覆盖面，增强了影响力。

以中国法律法规咨询网（图4-65）为例，网站提供了关于民法、刑法、商法等诸多法律法规，供人们查询检索。同时网站还提供了具体的法律案例，方便大家深入理解法律知识。在【法律法规查询】上你可以搜索到所关心的法律法规以及相关案件。

中国法律法规咨询网：http://www.86148.com/

提示　如果干部不懂法，就无法执法；群众不懂法，就不知守法。现代公民要学法，知法，懂法，守法。

图4-65　中国法律法规资讯网主页

提示　宣传法律知识，传播法制文化，弘扬法制精神，是建立我国法治社会的基础。

如图4-66所示为北京法律咨询网。

网站汇聚了数十位不同专业领域的律师、专家，提供法律咨询服务，尤为擅长房地产、知识产权、经济合同、公司事务等专业法律事务。如果你有这些方面的问题，可以零距离接受他们的帮助和答疑。

在网站顶部导航栏中，可以按照你关注的内容，选择对应的专业栏目版块。

图4-66　北京法律咨询网主页

北京法律咨询网：www.lawyerbeijing.com/

“少年强则国家强，教育兴则民族兴!”，在高科技迅猛发展的今天，教育事业的兴盛程度直接关系到一个国家的未来。

教育为本，没有了教育就意味着落后，意味着贫穷。网络教育作为传统教育体制的补充，以一种新兴的教育方式进入人们的生活。虽然有些人一时还无法完全接受和适应，但这个趋势已不可逆转。

网络教育以其灵活、安全、方便等优势，突破了传统校园教学所受时间和空间的限制，让任何学生在任何时间、任何地点，都能够以自己喜欢的方式学习相关课程，从而真正做到工作、生活、学习“三不误”。

网络教育尤其适合工作、生活节奏较快的在职人员，还适合在校大学生进行第二学历的学习。

有了网络，就有了很多免费的资源，利用这些资源再学习、再深造，就能够演绎更精彩的人生。

第五章

网络教育与培训

本章学习目标

◇ 知识的海洋——网络书库

有了电子词典，有了掌上电脑，甚至手机也继承了电子书的功能，我们既不需要搬动沉重的书籍，又能随时阅读书籍。

◇ 你我身边的百晓生——百度知道

介绍目前较为流行的在线知识库、百科全书、知识问答分享平台。

◇ 网络英语，免费高效

网络上很多免费的英语资源已经能够满足日常学习、文字性的总结、视频的教学，甚至互动的交流非常丰富，只要有毅力，免费也能学好英语。

◇ 名校学府、报名考试，网络全搞定

介绍通过网络了解名校学府信息、查找报名、考试相关资料的方法。

◇ 学术研究，论文发表

学会如何从网上查找学术研究文献以及如何发表论文。

知识的海洋——网络书库

“书中自有黄金屋，书中自有颜如玉”，伴随着这样的思想长大，图书在我们的眼中充满了神秘感。“多读书，读好书”，那沉甸甸的书包承载了父母的期盼，一家人的希望，也压弯了小孩子的腰。

记不得从何时开始，有了电子词典，有了电子阅读器，有了掌上电脑，甚至手机也具备了电子书的功能，互联网更是提供了大量的电子图书随时供大家阅读。于是，小朋友们摆脱了沉重的书包，终于可以“轻装上阵”了。

提到图书搜索首先想到的是百度、Google的图书搜索功能。图5-1为在Google的搜索页面，输入关键词“三国演义”后搜索到的结果页面。其中包含了多个相关的链接，点击第一个链接进入图5-2所示页面，这样就可以免费在线阅读图书了。

图5-1　搜索“三国演义”

提示　有些网站需要安装网站自带的阅读插件，请自行安装。在安装的时候最好打开杀毒软件，防止病毒侵害。

由于这种阅读方式是一边阅读一边下载，所以在阅读换页的时候，有时会出现“加载”字样。但是，由于是在线阅读，所以必须始终处于联网状态，这将会给使用带来很多不便，如果能够将电子图书下载则会方便很多。

电子图书的存储格式很多，有TXT的文字版，有Word、PDF版，有超星等专用图书阅读软件专用的格式，也有JPEG、GIF等由文字组成的图片，甚至有由专用软件制作成的可直接阅读的EXE版。虽然格式很多，但最终的目的都是为了便于电子图书的推广。

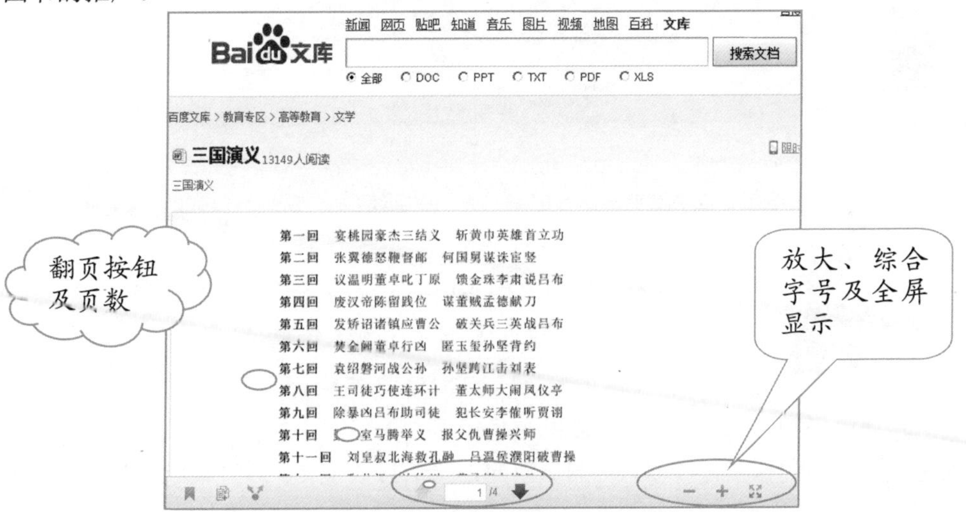

图5-2　在线阅读

支持电子图书下载的网站很多，例如图5-3所示的“网络中国”的电子图书版块，网址为：http://book.httpcn.com/。其首页包含很多最新和热门链接，并且对图书进行了分类，还提供站内搜索引擎供用户进行搜索。

提示　不同的电子图书下载网站内容良莠不齐，请读者选择健康的图书网站下载。

输入搜索条件“红楼梦”，搜索到图5-4所示的结果页面，你会发现在每个链接后面都有个“下载”字样，点击即可进入相关内容的下载页面。

提示　有些图书文件需要专用的阅读软件支持，比如 PDF 格式需要 Adobe Reader 软件支持等，请自行下载相关软件。

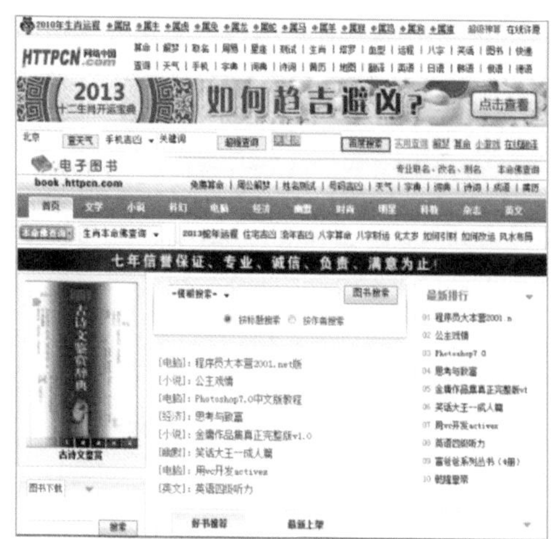

图5-3 “网络中国”电子图书版块首页

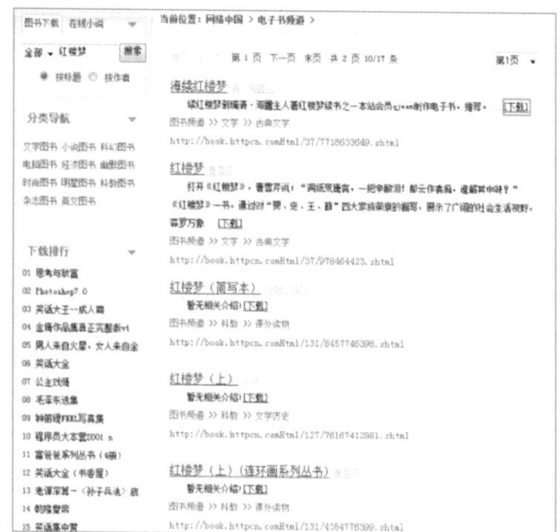

图5-4 搜索“红楼梦”结果页

提示 如果想通过网络购买图书也十分方便，如卓越网、当当网等网站购买图书既便宜又快捷。

随着电子图书的流行，数字图书馆也悄然加入了网络的行列。数字图书馆是指利用现代先进的数字化技术，将图书馆的馆藏信息数字化。通过集成和利用最新的计算机技术、通信技术以及数字化的多媒体信息内容，建设超大规模、可扩展、可互操作的分布式海量知识库群，并提供在互联网上高速、跨库检索的电子存取服务。可以说，数字图书馆是没有围墙的图书馆，是基于网络环境下共建、共享的可扩展的知识网络系统，它没有时空限制，是可以实现智能检索的知识中心。

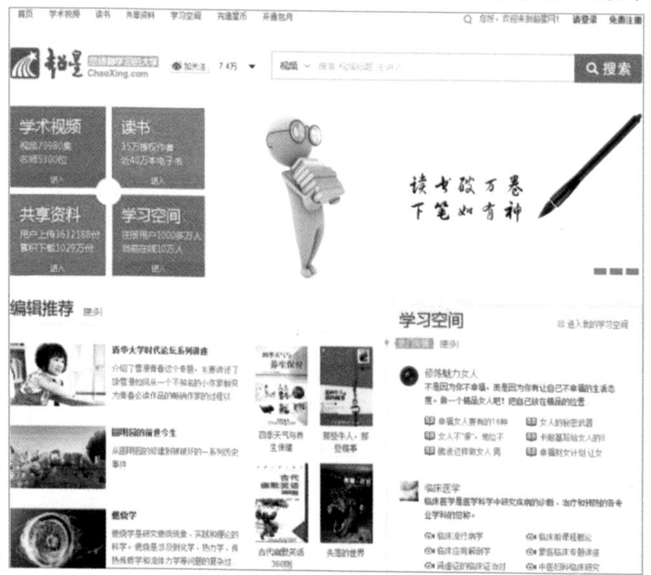

图5-5 超星数字图书馆

图5-5显示的超星数字图书馆，是中文在线数

字图书馆。登录该网站，进入这个中文数字图书馆首页，就可以阅读你喜欢的书刊了，其中的免费阅览室不能错过，那里有海量免费的电子书供下载。专为数字图书馆而设计的PDG电子图书格式，具有优秀的显示效果、适合在互联网上使用等优点。

超星网站的网址：

http://www.chaoxing.com/

超星数字图书馆包罗万象的信息是不是让博学的你也瞠目结舌了呢？那还等什么，去看个究竟吧。

图5-6所示即为依托先进技术的超星数字图书馆平台和“超星阅览器”的超星读书。超星图书馆网址：

http://book.chaoxing.com/

图5-6　超星读书

提示　超星数字图书馆以及类似的数字图书网站，提供了形形色色的服务和资源信息。

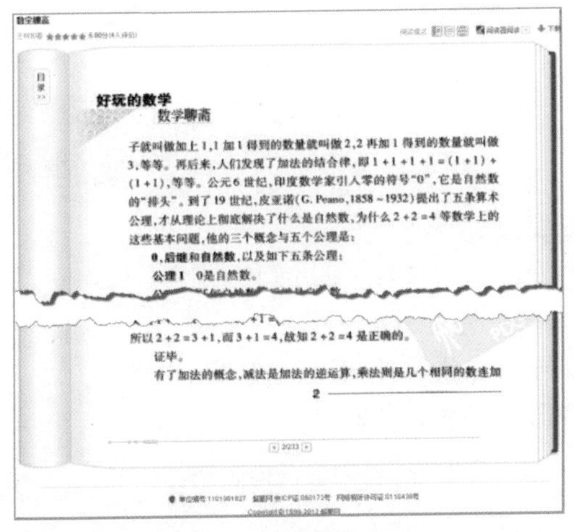

好玩的数学

数学聊斋

子就叫做加上1，1加1得到的数量就叫做2，2再加1得到的数量就叫做3，等等。再后来，人们发现了加法的结合律，即1+1+1+1=(1+1)+(1+1)，等等。公元6世纪，印度数学家引入零的符号“0”，它是自然数的“排头”。到了19世纪，皮亚诺(G. Peano，1858～1932)提出了五条算术公理，才从理论上彻底解决了什么是自然数，为什么2+2=4等数学上的这些基本问题，他的三个概念与五个公理是：

0，后继和自然数，以及如下五条公理：

公理1　0是自然数。

所以2+2=3+1，而3+1=4，故知2+2=4是正确的。

证毕。

有了加法的概念，减法是加法的逆运算，乘法则是几个相同的数连加

2

图5-7　网页阅读方式

超星提供了网页阅读、阅读器阅读、下载图书等多种方式。

图5-7为使用网页阅读方式阅读图书。

阅读器阅读方式需要先从图5-8所示的页面下载超星阅读器。

跟普通软件一样，下载了超星阅读器后，首先要安装这个软件，然后开始熟悉软件所提供的一系列工具。当然，网站的使用比学习新软件要简单得多，各网站都会提供相应的在线用户帮助和QA平台的。

提示　可以从左侧的目录中查看到相关章节。列表分章展开，为读者完成操作提供方便。

图5-8　超星浏览器下载页面

下载并安装好超星的浏览器之后，你就可以免费阅览电子书刊了。

首先，在超星的浏览器上登录超星数字图书馆的"共享资料"，然后选择你喜欢的书目类型，点击图书馆链接进入子分类页面找到你所喜欢看的书刊，如图5-9所示，点击阅览器浏览，就可以像图5-10所示的那样下载资料到本地了。不但简单，而且免费。

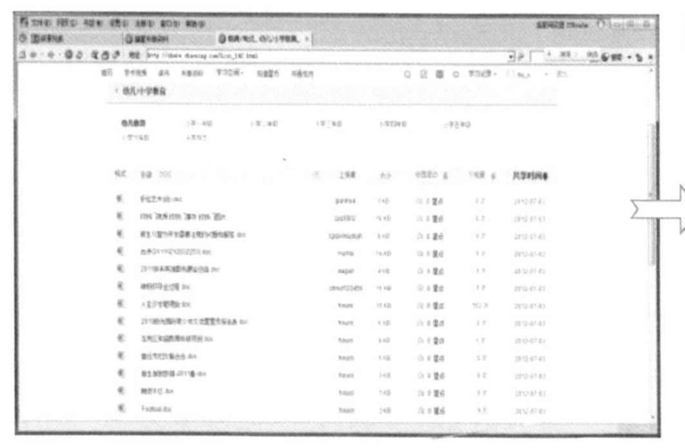

图5-9　超星浏览器

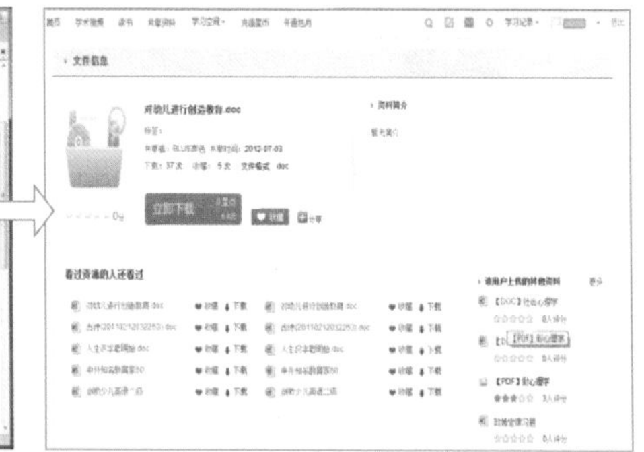

图5-10　使用超星浏览器下载资源

提示　使用超星阅览器，可以在线打开该网站提供的电子图书。你也可以将图书下载到本地阅读。

你我身边的百晓生——百度知道

近几年，流行一种名为“维客”的网络平台，在维客页面上，每个人都可浏览、创建、更改文本，系统可以对不同版本内容进行有效控制管理，所有的修改记录都保存下来，不但可事后查验，也能追踪、恢复至本来面目。这也就意味着每个人都可以方便地对共同的主题进行写作、修改、扩展或者探讨。

国内维客发展也比较快，比较大的维客网站包括图5-11所示的百度百科（http://baike.baidu.com/），维基百科（http://www.wikipedia.org/）等。

百度百科的首页，类似搜索引擎。如输入关键词“端午节”进入相关链接页面将会看到如图5-12所示网友对“端午节”的定义。如果你对某一概念或定义有所不同也可以发表自己的观点。

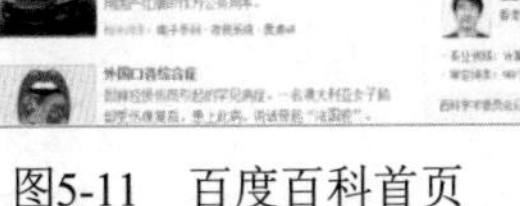

图5-11　百度百科首页

图5-12　“端午节”词条

提示　维客思想最初在中国的发展并不顺利，因为言论过于自由显得十分混乱，后来经过规范管理后才逐渐发展。

维客的概念始于1995年，沃德•坎宁安建立了波特兰模式知识库，随着其不断的发展，维客的概念也得到丰富和传播，网上又出现了许多类似的网站和软件系统，其中最有名的就是维基百科（Wikipedia）。图5-13为维基主页。

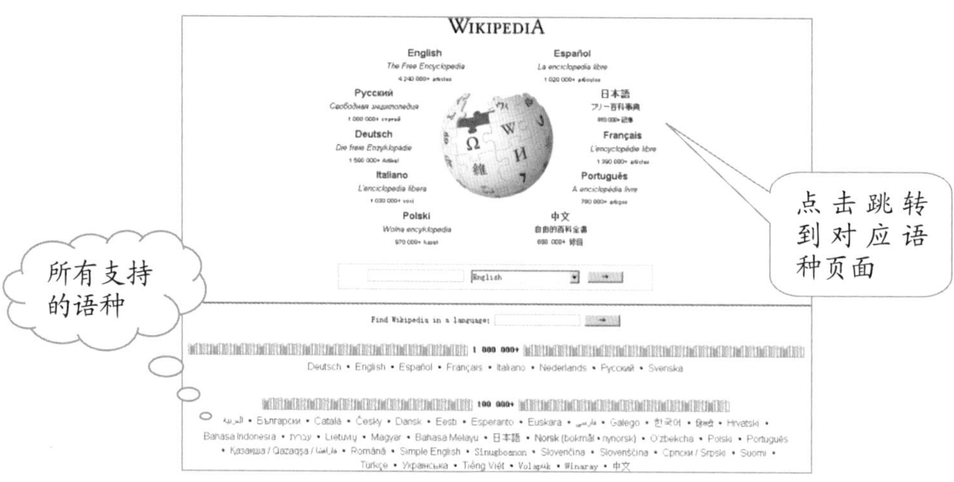

图5-13　Wikipedia主页

提示　Wiki 最适合做百科全书、知识库、整理某一个领域的知识等知识型站点，几个分在不同地区的人利用 Wiki 协同工作可以共同写一本书。

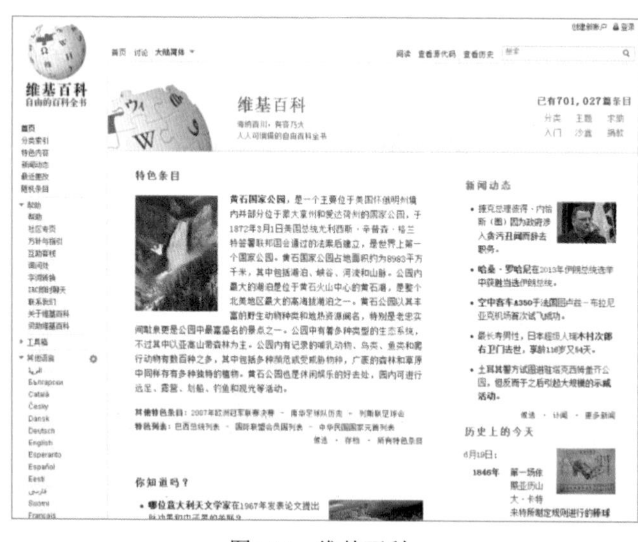

图5-14　维基百科

维基百科（图5-14）是一个自由、免费、内容开放的国际性的网络百科全书协作计划。与传统百科全书不同的地方在于，它力图通过大众的参与，创作一个包含人类所有知识领域的百科全书。它还是一部内容开放的百科全书，允许任何第三方不受限制地复制、修改及再发布材料的任何部分或全部。其目标及宗旨是为全人类提供自由的百科全书。

但知识库只是Wiki的一个应用而已，在最初应用在百科知识上，利用协同工作的理念来完成一个知识库，真正强调的是“协同”工作这一理念。参与人必须持强烈的责任心，才可能创造出真正有价值的Wiki。

提示

维客是一种理念——“协同工作”的理念，有了这一理念，我们就可以创造很多有价值的Wiki。

就像任何技术一样，维客技术也会有被滥用的可能，它同样可能带来信息的超载、信息质量的良莠不齐，所以请读者在获取信息的同时需鉴别好坏，取其精华，去其糟粕，不能全盘否定，也不能全盘肯定。

“百度一下，你就知道”经常在百度首页出现，“百度知道”也成了网友们寻求问题答案的一个不错的途径。“百度知道”是一个基于搜索的互动式知识问答分享平台。由用户提问与提供解答，百度则提供网站支持、网页维护以及搜寻功能，同时“百度知道”也设有奖赏机制来鼓励用户积极参与其中。

图5-15　“百度知道”首页

图5-15是“百度知道”的首页，它是一个基于搜索的互动式知识问答分享平台，各种各样千奇百怪的问题都会在这里出现。

想要在百度知道提问，需要先在图5-16所示的页面中注册为会员。

提示

可以通过两种方式注册为会员：

- 手机号注册
- 邮箱注册

登录百度知道后，点击【提问】超级链接，可以进入如图5-17所示的“百度知道——提问问题”页面，填好你的问题等信息点击【提交问题】即可。

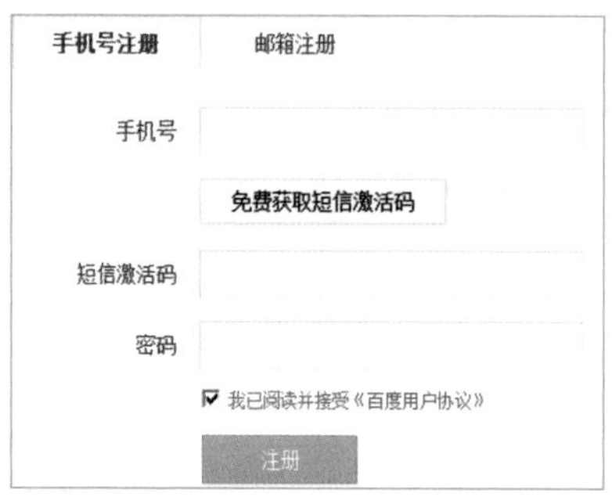

图5-16　百度用户注册

图5-17　百度知道提问页面

提示

“百度知道”的超强广告很能体现它的特质。“我知道，你不知道。我知道，你不知道我知道，你不知道。”

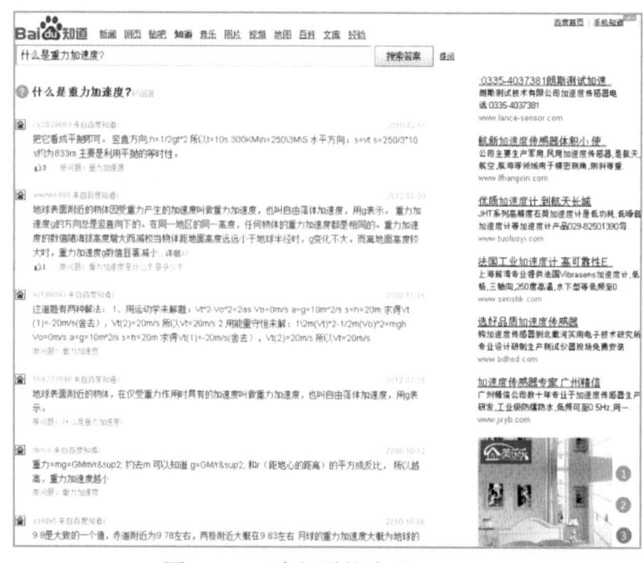

图5-18　百度知道搜索结果页

“百度知道”的网站：http://zhidao.baidu.com/

“百度知道”提供的搜索功能也更加人性化，你可以在关键词上输入“什么是重力加速度？”，点击【搜索答案】，百度知道会在“已解决问题”里面罗列出此前关于此类问题的所有解答，如图5-18所示，就像你在请教一位老师那种感觉一样，而且“百度知道”的回答也是很丰富、全面的。

提示

“百度知道”为了网友积极回答问题使用积分制。请在自己熟悉的领域多回答就能赚取积分，用来提供积分来回报别人的帮助。

网络英语，免费高效

英语作为世界通用语言越来越受到重视，课堂的英语教学似乎不太能满足一些学生的需求，于是各种各样的英语班迅速成长，动辄几百元上千元的费用也实在令广大学生负担太重。不过，网络上很多免费的英语资源已经能够满足日常学习、视频教学的需求，而且非常丰富。可以说，只要有毅力，免费也能学好英语。

图5-19　新东方网站首页

新东方英语早已名声鹊起，在英语教学带来丰厚利润的同时也为国人的英语水平提高做出了不小的贡献。新东方的网站提供了一个很好的平台，分为考试、留学、在线学习、听说读写等多个专区，提供论坛方便网友互动交流学习。图5-19是新东方的网站主页。新东方英语的网址为：http://www. New oriental. org/。图5-20是新东方的博客精选页面。

图5-20　新东方博客

提示 英语学习也要选好适合自己的难度，不要盲目学习，否则可能事倍功半。

图5-21是普特英语听力网首页。普特英语听力网（putclub）是一个英语学习网站，由网名叫蓝月的网友创建于2001年。该网站为英语爱好者开辟了一片英语听力学习的天空，是英语听力训练社区。完全公益性的英语学习网站，可以满足不同层次、不同类别的英语爱好者的各种需求（主要是英语，也有日语、德语、法语等语种内容），内容丰富多样，注册网友众多，BBS上交流广泛。只需免费注册，即可在普特上提高自己的外语听力水平了。

图5-21 普特英语听力网

普特为英语爱好者提供了多道大餐，【每日听力】主要包括VOA和BBC等国外一些主要媒体实时新闻的节目，适合精听，拓宽英语听力的知识面。【听力指南】为不同层次的网友提供了合适的听力训练方法；【分类听力】就文学、历史、科学、家庭生活和娱乐消遣等各个方面对听力材料进行了分类，你可以就自己感兴趣的方面来进行听力练习。另外，还有【听力资源】提供精读教程的录音和文本文件，方便大家下载。

普特英语听力网址：http://www.putclub.com/

提示 普特英语听力网提供英语入门和提高的极好材料，对纠正发音、提高听力、提高口语及写作水平会有很大的帮助。

普特论坛，主要分“学术”和“交流”两大区。

在论坛上，爱好英语学习的你可以结交朋友、展示才华、交流学习经验、听写笔记。

“学术区”可以让你得到最实在、最有效的听力训练及文稿校对；“交流区”可以让你结识世界各地的英语爱好者。

进入论坛里的听力训练区，点击一个感兴趣的帖子，你就可以进去练习听力了，如图5-22所示。普特英语听力论坛的网址：http://forum.putclub.com/

图5-22　普特英语论坛中的帖子

提示　“听”是人们言语交际能力的重要方面，也是英语学习的重要途径之一。人类学习语言都是从“听”开始的。

如果说新东方和普特英语是正规军的话，还存在很多其他的英语学习网站，比如李阳疯狂英语，如图5-23所示。李阳老师给我们展示了一种新式的学英语的方法，那就是“说”，抛弃要面子、自卑等不良性格和习惯，大声地去说英语。

李阳疯狂英语是一种百折不挠的人生奋斗精神。疯狂英语是一种不怕丢脸、追求完美的疯狂操练精神！I enjoy losing face. I enjoy making mistakes. 这些信念已经在全世界广泛流行。也有人说，疯狂英语是一种心理调节，让人在学英语时，首先不惧怕英语，然后慢慢对英语产生兴趣，再加上一些合理的学习英语的方法就可以提高英语水平了。

图5-23　李阳疯狂英语首页

李阳疯狂英语网址：http://www.lyce.cn/

提示 英语是全球应用最为广泛的语言。我们学习了英语，就应该把英语说出来的。

图5-24是易呗背单词的主页，它致力于帮助用户学习、记忆和管理知识，是一个以记忆知识为目的的网站，将知识划分成一条一条的，归类成一本本的“书”。“书”的概念，在易呗网上就是条目集。这个网站也为正在努力学习英语的朋友提供了大量英语学习的素材，VOA、新概念、在线英语电台、BBC等，以及听歌学英语、读故事背单词、有声阅读等在这里都是应有尽有。

易呗背单词网址：http://www.yibei.com/

图5-24　易呗网首页

提示 学习英语贵在坚持，任何有效的方法，都是建立在这样的基础上。

如果文字、音频之类的东西已经看腻了、听厌了的话，就来点视频的，在迅雷、电驴上有大量的免费Flash下载，搜索关键词“新东方”就能搜到好多新东方教学视频，不仅能免费听课，还能随时让老师停下来。不过，不要忘记使用Flash View等软件，否则会出现无法前后拖动的问题。

再不过瘾的话只能到网上去找互动教学了，一百易网络互动学习平台（http://www.100e.com/）就提供这个功能。在使用前需要下载相关软件，在主页找到相关课程，在指定时间点击进入，即可打开如图5-25所示的软件，进行学习。

图5-25　一百易网络互动学习平台

提示　每天固定时间都有相关课程，如果想认真学习的话，最好每天坚持，这样才能达到更好的效果。

学习了大半天，要翻译材料还是挺头疼的，在线翻译大大方便了这项工作。Google和有道的翻译工具都提供了很好的平台。另外，你也可以下载专业翻译软件来减轻你的工作，如金山快译、雅信等。

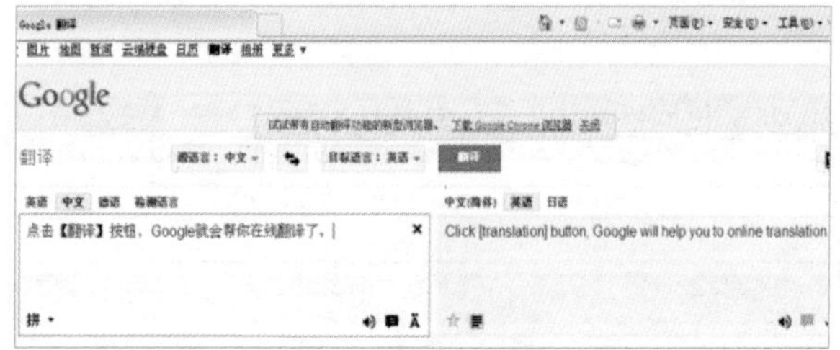

图5-26　Google翻译

图5-26显示的是Google翻译。在文本框里面，填写你所需要翻译的材料，设置源语言和目标语言，点击【翻译】按钮，Google就会帮你在线翻译了。

提示　在线翻译虽然方便，但是翻译水平毕竟有限，很多语句并不符合语法要求和说话习惯，还需修改调整才能通顺。

Google翻译网址：http://translate.google.cn/

有道翻译是网易公司开发的一款翻译软件，其最大特色在于翻译引擎是基于搜索引擎、网络释义的，也就是说，它所有的词释义都是来自网络。图5-27为有道在线翻译首页。

图5-27　有道在线翻译

有道在线翻译网址：http://fanyi.youdao.com/

名校学府、报名考试，网络全搞定

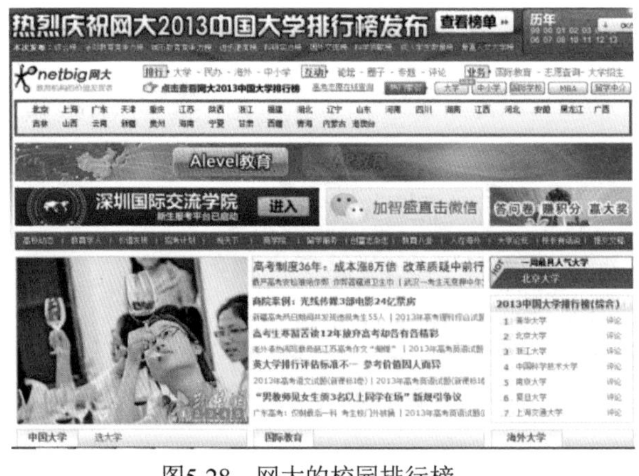

图5-28　网大的校园排行榜

虽然高学历并不等于高能力、高素质，但是至少在知识水平上有一个提升。于是乎上大学成了每个家长对孩子的期望，一所名牌大学更是会让周围的人投来羡慕的眼光。所以高考拼得热火朝天，考研也一直都是热门话题，怎么知道哪些学校更好，去哪里找考研资料一直是很多人想知道的问题。

大学排名在很大程度上能够反映各个学校的情况，通过搜索也能找到很多种大学排名，图5-28为网大（http://www.netbig.com/）的排名，也是国内最早提出大学排名的组织之一。虽然这个排名并不能完全客观地反映一个学校的水平，但是在很

大程度上能反映一些情况。毕竟各个学校因地理位置、管理机制等有很大的不同。

一个大学的主要风采在其校园主页必定有所体现，通过查看主页情况对整个学校的方向、院系设置、专业设置等都有所了解。虽然校园网站或许属于一个学校的面子工程，但确实能给人以第一印象，让别人体会到该校的风格或是文化氛围。图5-29为清华大学主页。

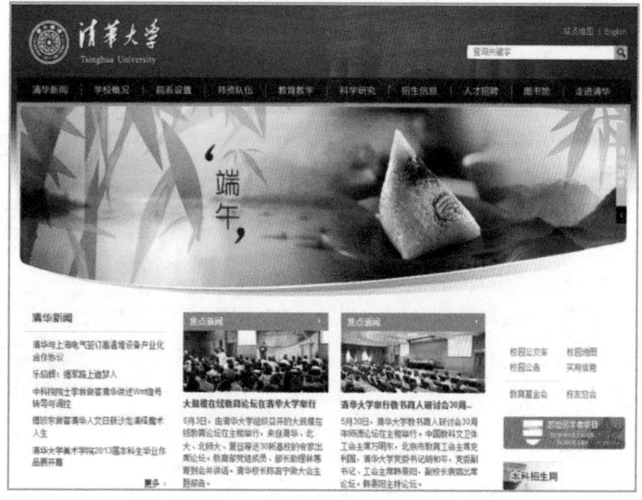

图5-29　清华大学主页

提示　大学的排名依据是其整体实力，并不代表所有专业都领先，在报考大学的同时还需要考虑专业兴趣，毕竟调换专业并不容易。

很多知名学府的BBS论坛也具有极高的知名度，比如清华大学的水木清华BBS。它是清华大学的官方BBS，也是中国教育网的第一个BBS。正式成立于1995年8月8日。水木清华曾经是中国大陆最有人气的BBS之一，代表着中国高校的网络社群文化。但在2005年3月16日转变为校内形式后，水木清华的访问人数大幅下降，影响力已大不如前。

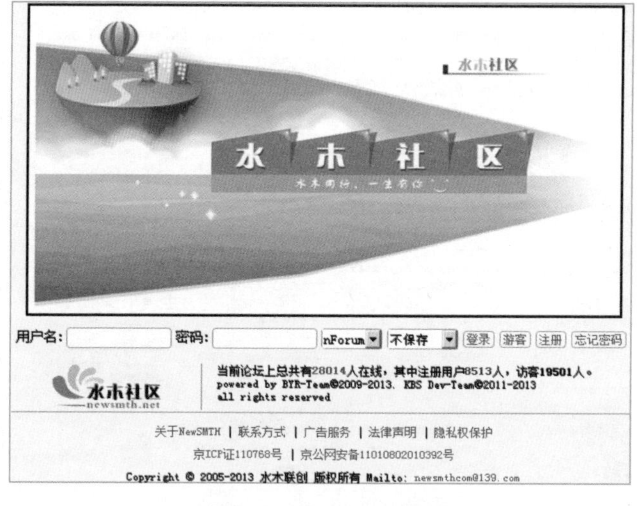

图5-30　水木社区首页

分裂出来的水木社区，系北京明睿博信息技术发展有限公司旗下的商业网站，该站利用备份的用户数据，在原水木清华BBS用户资源的基础上实行了独立商业化

发展。图5-30为水木社区网站首页面。

水木社区网址：http://www.newsmth.net/

考研已经成为很多大四毕业生的选择，特别是一些高考发挥不理想的同学更想通过考研证明自己，考入曾经梦想的学校。考研是艰辛的，是需要毅力的，但在付出努力的同时同样需要讲究方法。

图 5-31 为考研论坛（http://bbs.kaoyan.com/）的页面，有很多平台、论坛都不错，相信不少经历过考研的同学都曾从这个论坛中获益匪浅。

图5-31　考研论坛

我国从2001年开始对高等教育学历证书实行电子注册制度，教育部委托所属的全国高等学校学生信息咨询与就业指导中心负责高等教育学历证书电子注册、网上查询和认证等工作，“中心”拥有全国唯一的高等教育学历信息数据库，为社会各界提供各类高等教育学历证书电子注册数据库的查询服务。如各高校的考研政策和招生信息都在该网站发布，同时考研网上报名和交费也需通过登录该站点完成。

图5-32是中国高等教育学生信息网主页。报考研究生的时候，你可以登录该网站进行信息查询，浏览想要报考的学校、专业等有关信息。

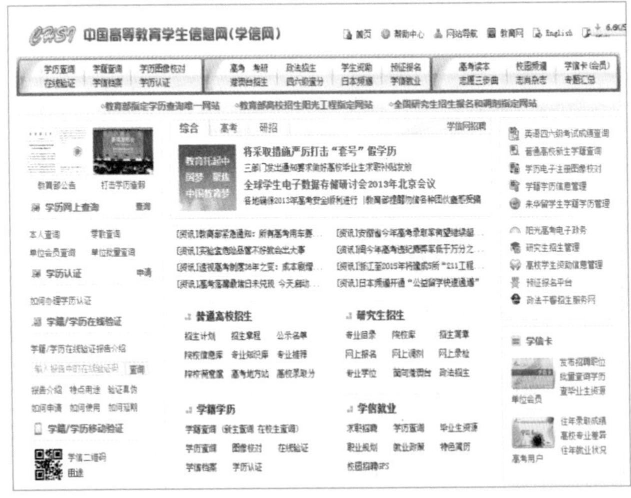

图5-32　中国高等教育学生信息网

接下来，只需要在该网站注册、输入自己的信息资料、网上缴纳报考费用，你就可以放心地准备考研了。

中国高等教育学生信息网：http://www.chsi.com.cn/

提示

新东方、文登等教育机构都在考研上下了很大功夫，也对考研进行了深入的研究。在迅雷、电驴上同样能找到相关的教学录像。

随着政府部门建设的发展，公务员以其优厚的在职和退休待遇、相对稳定且压力较小的职位、优越的工作环境等优势，越来越受到大家的追捧。公务员考试早已在校园内流行，面对当前大学生就业形势的日趋严峻，考取公务员无疑是一条非常具有吸引力的就业之路。

图5-33所示为国家公务员考试网，可以登录该网站查询招考职位等信息。报考时，只需填写个人信息注册为用户，按照订单明细缴纳费用就可以了。

图5-33　国家公务员考试网

国家公务员考试网网址：http://www.chinagwy.org/

学术研究，论文发表

几年前，硕士毕业还需要在相关期刊杂志上发表一定数目论文，目前硕士研究生的教育有些缩水，不仅不要求发表论文，而且不少学校也将学制减为两年，但是作为科研人员，论文的查阅还是必不可少的。很多高校提供了中国期刊网、万方全文等论文网站的集体账号。集体账号必须在固定 IP 区段内使用，一般校园账号只能在校园网使用。

图 5-34 所示的中国知网（http://www.cnki.net/）由清华大学、清华同方发起，

始建于 1999 年 6 月，经过多方努力，采用自主开发并利用具有国际先进水平的数字图书馆技术，建成了世界上中文信息量规模最大的“CNKI 数字图书馆”，中国知网是具有中国特色的知识资源总库，是国内收录期刊论文最全面的网站之一。

图5-34　中国知网

中国知网的使用方法很简单，和大多数资料搜索类似。

1．选择所需搜索的数据库，比如“博硕士”，不同的数据库收录的资料不同，如果希望得到更全面的资料或系统的论文，可以搜索博士或优秀硕士毕业论文，资料比较详尽，有些还留下了联系方式，如有不懂的问题可以请教。

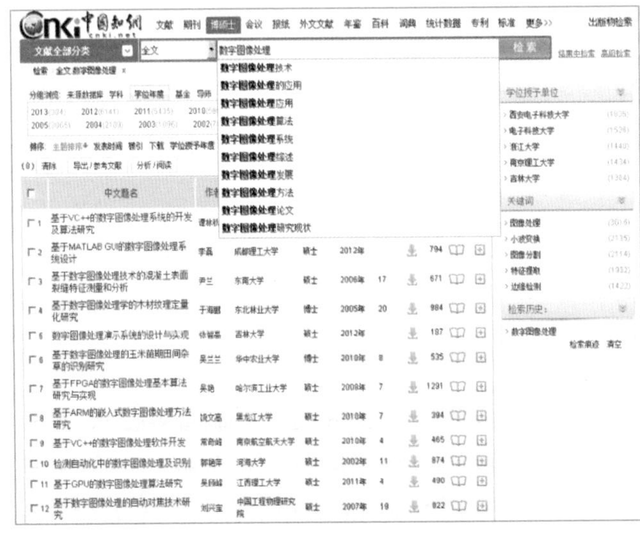

图 5-35　搜索结果页

2．填入搜索关键词，如“数字图像处理”，点击【检索】按钮，即可打开如图 5-35 所示的搜索结果页面，其中列出了标题、作者、时间、刊登杂志等信息。如果还未找到自己所需的资料，可以继续填入关键词，勾选“在结果中检索”，缩小范围直至检索到需要的资料。

也可以通过在搜索条左侧的分类列表选择感兴趣的栏目，按类别进行搜索。如

在图 5-36 上图中，选择“文献全部分类|基础科学|物理学|理论物理学”后进行搜索，搜索效果如图 5-36 下图所示。

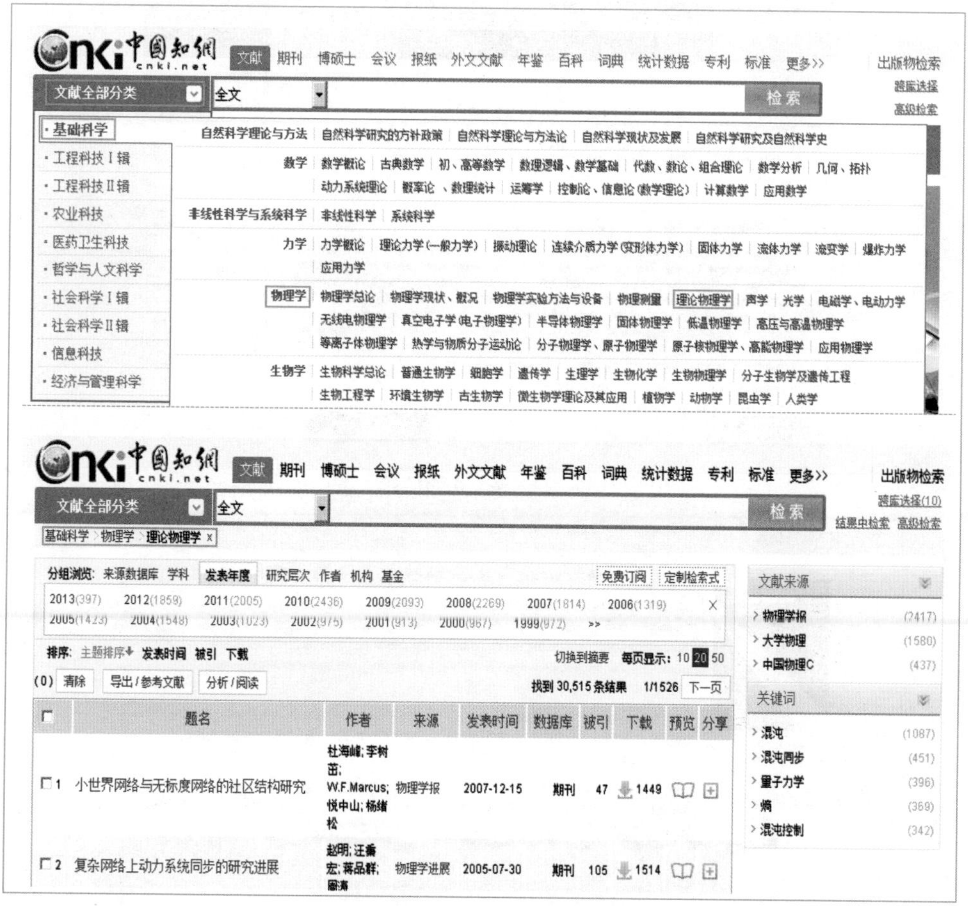

图5-36　按分类查看资源

提示　在任何网站都可使用 Google、Baidu 等搜索引擎的搜索技巧，搜索技术本身都是类似的。

3．点击感兴趣的文章链接进入图 5-37 所示页面，显示更全面的论文信息。如果合适，可点击上方的下载链接方式对其进行下载，或者在线阅读。

选择下载的资源类型不同，提供的下载方式也不尽相同，图 5-38 为期刊类资源的详情页面，包括 CAJ 和 PDF 两种常用格式。在下方还列出与此文相关资源的链接，其中常常会包含有用的、但未检索到的内容。

图5-37　资源详情页1

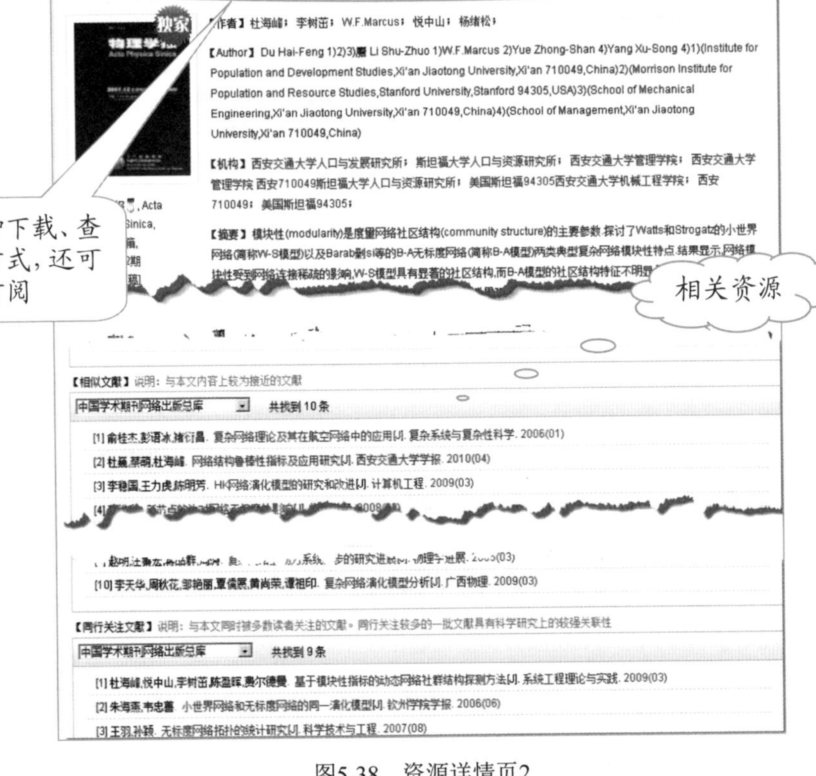

图5-38　资源详情页2

提示 当搜索到一篇自己需要的文章之后，可在其参考文献中找到多篇与之相关的内容，这样继续向上延伸将查到很多有用的资料。

中国知网虽然资料齐全，但有些是收费的，免费的资料通过 Google、Baidu 就能搜索到，只需按图 5-39 所示，在高级选项里面将格式限定为 PDF 等即可，只是资源数量不很丰富，找到真正想要的东西可能还需要点运气。

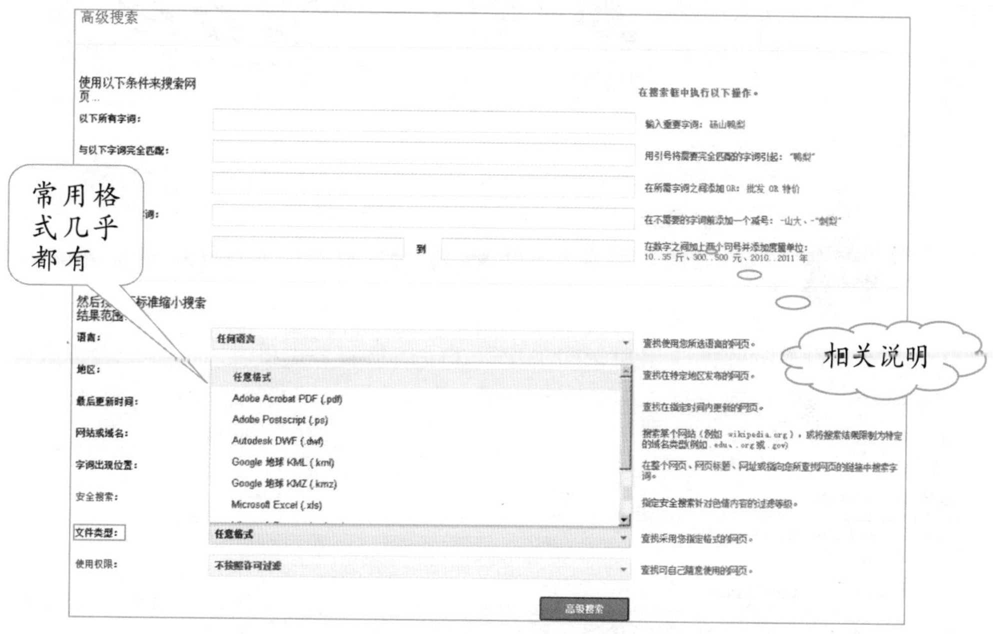

图5-39 Google高级搜索

提示 通过搜索引擎搜索可能找到很多 CNKI 或其他收费网站的论文，如果资料符合要求破费一点还是值得的。

EI，美国工程索引（The Engineering Index，EI）的简称，与 SCI、ISTP、ISR 同为世界四大重要检索系统，是世界级权威的多学科性的工程文献检索工具，其收录论文的状况是评价国家、单位和科研人员的成绩、水平以及进行奖励的重要依据之一。EI 的网址：http://asia.elsevier.com/elsevierdnn/。

EI 以检索程序简便、直观、信息量大而备受科技人员的青睐，科技人员经常浏览 EI，可以从中发现那些与自己有关的科技信息，掌握本学科发展动向，把自己的科学实践纳入世界性的总趋势中。图 5-40 是 EI 快速搜索的网页，输入你需要查找的关键词，点击【Go】按钮，就可以搜索到相关论文。

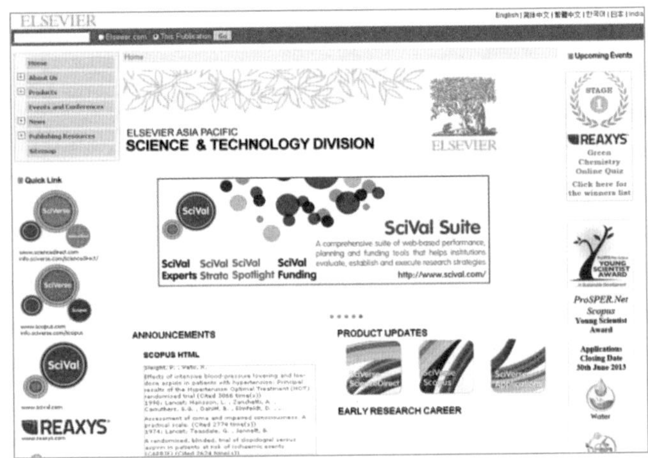

图 5-40　EI 主页

提示　如果能够在像 EI 这样权威的检索系统上发表一篇论文，那么将意味着你的研究成果被世界所肯定。

EI 作为世界领先的应用科学和工程学在线信息服务提供者，一直致力于为科学研究者和工程技术人员提供最专业、最实用的在线数据、知识等信息服务和支持。

Palladium catalyzed synthesis of aryl, heterocyclic and vinylic acetylene derivatives, Journal of Organometallic Chemistry,
Volume 93, Issue 2, 8 July 1975, Pages 259-263
View PDF

Ichiro Moritani, Yuzo Fujiwara,
Aromatic substitution of styrene-palladium chloride complex, Tetrahedron Letters,
Volume 8, Issue 12, 1967, Pages 1119-1122
View PDF

Andrea Biffis, Marco Zecca, Marino Basato,
Palladium metal catalysts in Heck C---C coupling reactions, Journal of Molecular Catalysis A: Chemical,
Volume 173, Issues 1-2, 10 September 2001, Pages 249-274
View PDF

[illegible]
View PDF

J. F. Fauvarque, A. Jutand,
Arylation of the reformatsky reagent catalyzed by zerovalent complexes of palladium and nickel, Journal of Organometallic Chemistry,
Volume 132, Issue 2, 31 May 1977, Pages C17-C19
View PDF

Jean-Yves Legros, Gaelle Primault, Jean-Claude Fiaud,
Syntheses of acetylquinolines and acetylisoquinolines via palladium-catalyzed coupling reactions, Tetrahedron,
Volume 57, Issue 13, 26 March 2001, Pages 2507-2514
View PDF

图 5-41　EI 搜索结果页

EI 收录世界高水平的工程科技信息，让你时刻紧跟世界科技的发展。图 5-41 为 EI 检索到的相关文章，你可以查看摘要或者全文，也可以选择你需要的论文，点击【View PDF】链接，打开慢慢研究。

EI 中国的网址： http://www.ei.org.cn/

提示 EI 公司从 1992 年开始收录中国各出版社、杂志社的论文和期刊。岩石力学与工程学报是其中之一。

论文的查询和发表对每一位科研工作者来说，都是最平常不过的事情了。我国的各级科技期刊每年都收录了大量的优秀的论文，为广大科技工作者阐述学术观点、报告最新研究成果提供了平台和窗口。下面我们就以一个具体的科技期刊——岩石力学与工程学报为例（图 5-42 是该学报的主页），介绍如何查寻文章及发表学术论文。登录该学报，你可以查找与岩石力学和土木工程等方面的论文、期刊。

网址：http://www.rockmech.org

图 5-42 岩石力学与工程学报首页

如果你有好的论文，也可以在该学报上发表。具体步骤如下：

1. 打开网站，点击【在线投稿】链接。

2. 在图 5-43 所示的作者登录页面中，输入用户名、密码登录，如果你还不是学报的作者用户，可以点击【注册】按钮进行注册。

3. 在图 5-44 所示的注册账户页面，认真填写你的个人信息，该学报是要对发表论文的作者进行核对的。

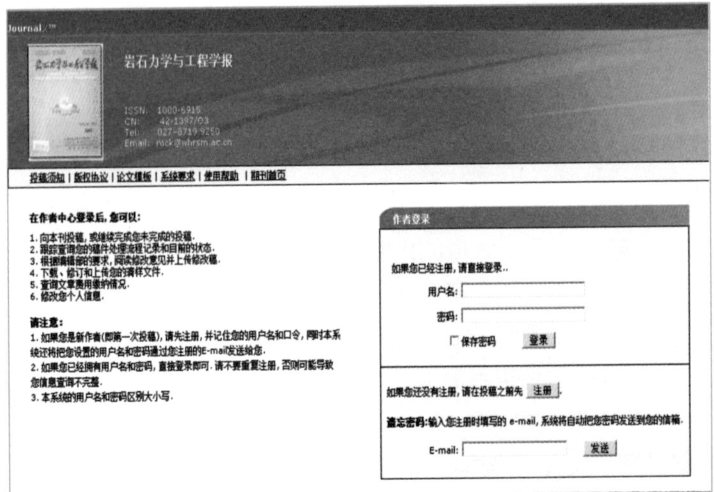

图 5-43　作者登录页面

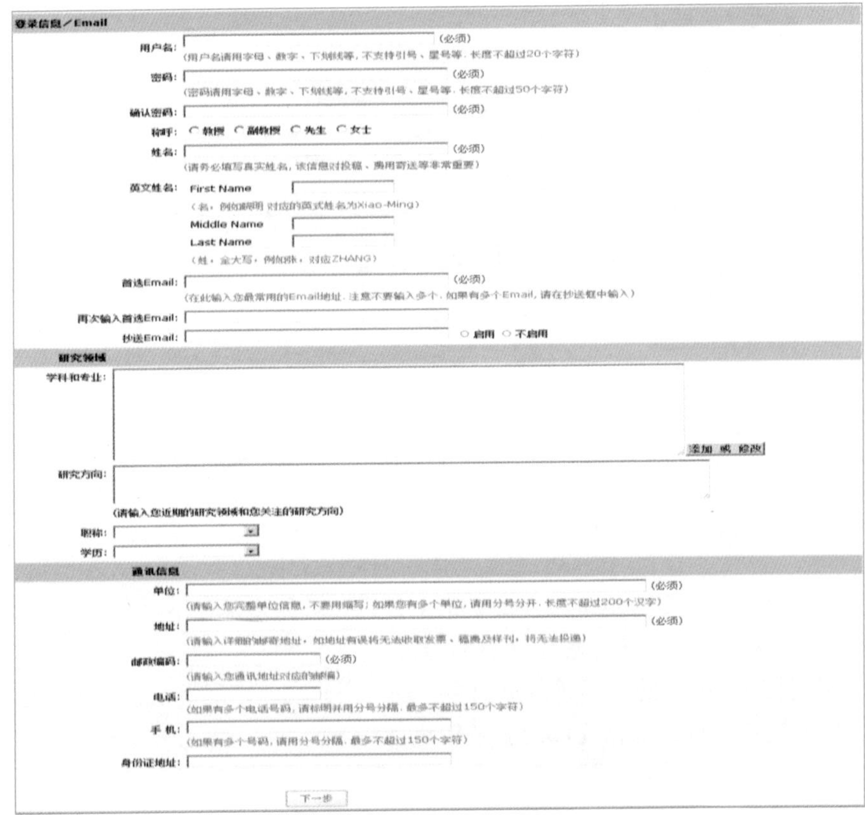

图5-44　填写用户信息

4．点击【下一步】按钮，显示如图5-45所示的注册成功页面，点击【返回登录页面】按钮，在登录界面登录成功后，将看到图5-46所示页面。

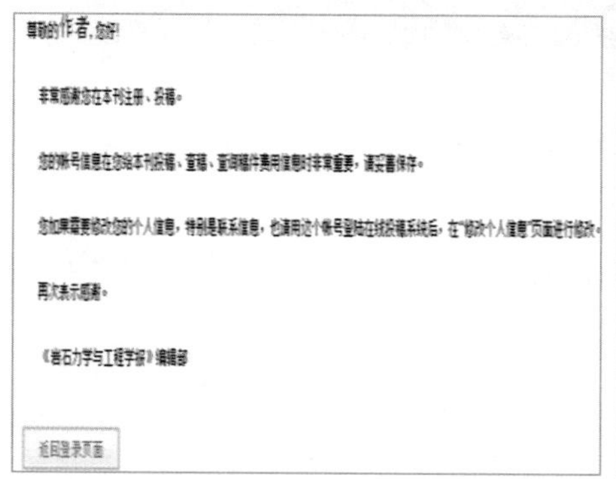

图5-45　注册成功页面

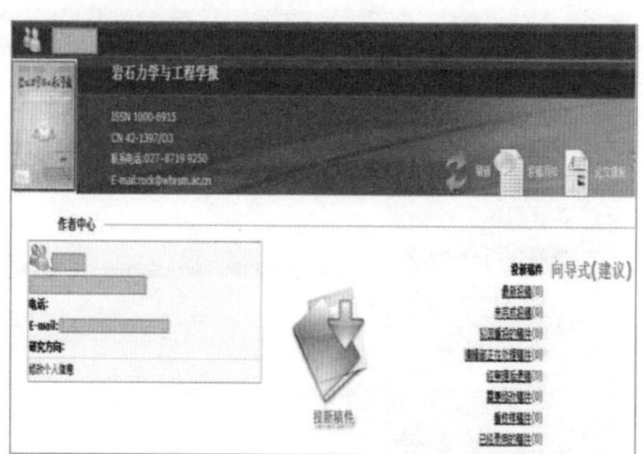

图5-46　填写用户信息

提示　如果你已经是学报的用户，但是却把密码忘记了，那么可以输入注册时填写的邮箱，点击【发送】按钮，要求系统把密码发送到你的邮箱。

5．点击【投新稿件】，会出现图 5-47、图 5-48 所示的投稿确认书和著作权授权书，认真阅读后，点击【同意】按钮确认。

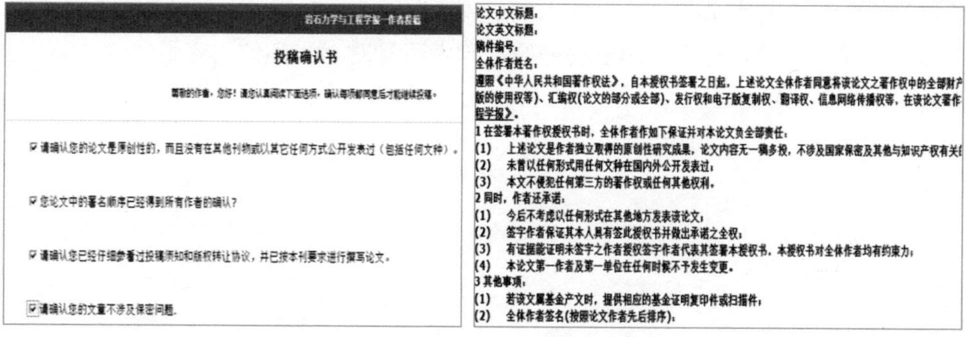

论文中文标题：
论文英文标题：
稿件编号：
全体作者姓名：
遵照《中华人民共和国著作权法》，自本授权书签署之日起，上述论文全体作者同意将该论文之著作权中的全部财产
版的使用权等)、汇编权(论文的部分或全部)、发行权和电子版复制权、翻译权、信息网络传播权等，在该论文著作
程学报》。
1 在签署本著作权授权书时，全体作者作如下保证并对本论文负全部责任：
(1)　上述论文是作者独立取得的原创性研究成果，论文内容无一稿多投，不涉及国家保密及其他与知识产权有关
(2)　未曾以任何形式用任何文种在国内外公开发表过；
(3)　本文不侵犯任何第三方的著作权或任何其他权利。
2 同时，作者还承诺：
(1)　今后不考虑以任何形式在其他地方发表该论文；
(2)　签字作者保证其本人具有签此授权书并做出承诺之全权；
(3)　有证据能证明未签字之作者授权签字作者代表其签署本授权书，本授权书对全体作者均有约束力；
(4)　本论文第一作者及第一单位在任何时候不予发生变更。
3 其他事项：
(1)　若该文属基金产文时，提供相应的基金证明复印件或扫描件；
(2)　全体作者签名(按照论文作者先后排序)：

图5-47　投稿确认书　　　　图5-48　著作权授权书

提示　发表论文是要建立在诚信的基础上，不能有抄袭、弄虚作假等行为。每个作者都要对自己的论文负责。

6．在图 5-49 所示的页面中填写稿件标题等内容后，点击【下一步】按钮。

7. 按照提示，重复步骤 6，一步步地填写和确认自己稿件的相关内容，直到图 5-49 左侧的【投稿步骤】按顺序完成，得到系统的自动回复即可。

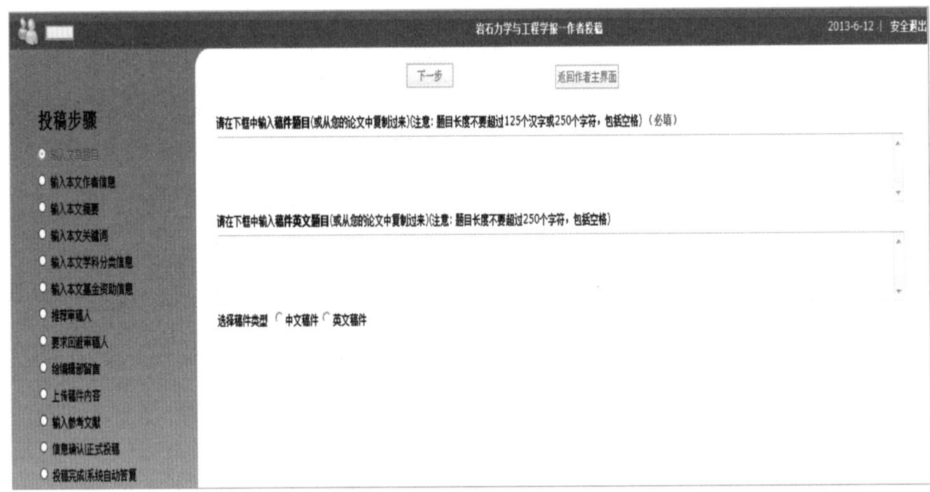

图5-49　填写稿件相关操作

现在研究生论文的数量急剧增加，但是质量有所下降。如果我们要发表论文，必须在保证质量的基础上提高数量。

作者的话：通过前面章节的介绍，想来你对于如何利用电脑从网上获取信息以满足日常生活中的需求有了一个基本的认识。由于篇幅有限，本书只是对生活中常用的服务和典型网站进行了简单的介绍，读者可针对感兴趣的内容继续深入研究。